W0468142

Hans D. Schittly

Denk mal Kunde

Stories, die prägen

Hans D. Schittly

Denk mal Kunde

Stories, die prägen

Mit guten Stories werden auch
Sie zum BESTSELLER

FORMAT
Verlagsgruppe

2016 erschienen bei © Format Verlagsgruppe

Alle Rechte vorbehalten.

Illustration: Marén Gröschel, Berlin
Lektorat: Frank Mißbach, Schotten
Gestaltung: Katja Rub, Leipzig
Gesamtherstellung: Format Verlagsgruppe, Gera

ISBN: 978-3-946964-01-8

Printed in Germany

Inhalt

Kunden kaufen lassen

Im Jahr 1987 hatte ich das Vergnügen, Hans D. Schittly im Rahmen eines Seminars persönlich kennenzulernen. Sein Verkaufstraining hat mich tief beeindruckt und meinen späteren Weg als Verkäufer und Führungskraft bis hin zum Vertriebsvorstand geprägt. Seine für mich alles entscheidende Botschaft: Verkaufen ist die wundervollste Tätigkeit, die es gibt und in den nächsten Jahren geben wird.

Seine anschaulichen Sales Stories begleiten mich bis zum heutigen Tag. Die von ihm bereitgestellten Verkaufshilfen waren und sind für meinen Erfolg unverzichtbar. Ich habe erfahren, wie wichtig Sales Stories für jeden erfolgreichen Verkäufer sind. Und gilt auch für Verkäufer, die glauben darauf verzichten zu können, denn Stories beeinflussen uns ganz unmittelbar. Davon konnte ich sehr profitieren.

Als Führungskraft und Vertriebsvorstand eines mittelständischen Finanzdienstleistungs-Unternehmen setze ich noch heute die Sales Stories und Verkaufshilfen von Hans D. Schittly mit sehr großem Erfolg ein. Seine einzigartigen Seminare machen immer Lust auf mehr. Er hat es mit seiner Art verstanden, bei erfolgreichen Verkäufern versteckte Potentiale zu wecken. Seine offene und ehrliche Haltung gegenüber den Teilnehmern wurde sehr geschätzt.

Sein Motto: Man kann einem Kunden nichts verkaufen, sondern der Kunde kauft und das mit Spaß und Freude. Es hat sich immer gelohnt Zeit und Geld in die Schittly-Trainings zu investieren. Denn sie bieten jedem Verkäufer die Möglichkeit, sich selbst zu entwickeln, zu entfalten und zu ermutigen, wenn er sich im Verkauf schwertut.

Schittly lehrte und arbeitete immer sehr praxisorientiert. Er war sich nicht zu schade, mit Verkäufern Kaltakquise zu machen. Er sprach nicht nur darüber, wie besseres Telefonieren Umsätze oder Terminquoten erhöht, nein, er hat es demonstriert. Er hat niemals falsche Versprechungen abgegeben, keine magischen Erfolgsrezepte versprochen, wodurch sich auch der unterdurchschnittlich begabte Verkäufer über Nacht zur Verkaufs-Kanone entwickeln könnte oder dass es eine Verkaufsmagie gibt, die automatisch die Türen und Geldbeutel der potentiellen Kunden öffnet. Er hat immer betont, dass der Kunde im Mittelpunkt steht.

Für Hans D. Schittly sind Fairness, Vertrauen und Respekt keine Fremdwörter. Ich danke ihm von ganzem Herzen. Danke für alles.

Klaus B. Wolf

Neue Sichtweisen

Geschichten oder „Sales-Stories-Interactive" sind das Lebenselixier des Verkaufs. Wie viel Wahrheit in dieser Aussage steckt, erfuhr ich im Jahr 2003 bei meiner ersten Begegnung mit Herrn Schittly. Nicht ganz freiwillig und im Auftrag meines damaligen Vorgesetzten flog ich nach München, um sein Verkaufsseminar zu besuchen. „Ein guter Start sieht anders aus", dachte ich mir verärgert bei der sehr langen und teuren Taxifahrt vom Flughafen nach Vaterstetten in Richtung Rosenheim. Mit meiner Ankunft fuhr mir der Schreck in die Glieder: Kein Beamer; keine Powerpoint! Stattdessen fand ich außer Tischen und Stühlen einen selbst gebackenen Sandkuchen und ein Flipchart mit Stiften als Einziges im Raum vor. In den ersten zehn Minuten des Seminars schoss mir durch den Kopf: „Das war der Fehler deines Lebens hierher zu kommen!!!"

Es kam anders! Ich genoss die bisher beste Schulung meines Lebens zum Verkauf der betrieblichen Altersvorsorge. Er krempelte meine Sichtweisen und Einstellungen völlig um und weckte in mir das Gespür, Verkauf mithilfe von Geschichten kreativer und erfolgreicher zu gestalten. Davon profitiere ich noch immer. Auf meinen folgenden beruflichen Stationen erweiterten einige Besuche bei und ein umfangreiches Projekt mit Herrn Schittly nicht nur meinen Horizont; sie steckten wieder und wieder voller praktischer Impulse. Hans D. Schittly ist ein feinsinniger und seit vielen Jahren gefragter Gesprächspartner für meine Mitarbeiterinnen, Mitarbeiter und mich selbst. Seine facettenreiche Lebenserfahrung und „geistige Brandstiftung" inspirieren uns bis heute ungebrochen.

Herzliche Grüße

Tom Rohrbach
Bereichsleiter Maklervertrieb –
KeyAccountManagement für die HDI-Vertriebs-AG

Die Revolution im Verkauf

Anfang der 80iger Jahre führte ein Kontakt in der Trainerbranche zu einer besonderen Situation. Auf der Suche nach einem guten Verkaufstrainer wurde mir ein Mann empfohlen: „Er sei gut", hieß es aus Fachkreisen. „Schauen Sie sich den mal an!" Dieser Mann war Hans Dieter Schittly. Aus einem Probeseminar wurde eine … und jetzt ein Zeitsprung … mehr als 25jährige Zusammenarbeit in der Gestaltung von außergewöhnlichen Verkaufs- und Motivationsseminaren.

Was war geschehen?

Die herkömmlichen Verkaufstrainings waren früher geprägt von weitgehend kognitiven Lerninhalten. Gut zu wissen, dass es 10 oder mehr Fragearten gibt. Ein gutes technisches Wissen; doch was bedeutet das ganz konkret im Gespräch mit dem Kunden? Ein wenig motivierendes und trockenes Gesprächsklima ohne jegliche Spannung.

Und nun trat Hans D. Schittly auf die Bühne. Seine Art Kunden und Berater zu motivieren war seinerzeit eine echte Revolution. Was war anders an seinem Programm? Eine Philosophie, die ein neues Denken ausgelöst hat. **„Sales Storys"** waren und sind die begeisternde Art, von Beginn an das Beratungsgespräch in ein Erlebnis zu gestalten. **„Gehirngerecht Verkaufen"** bedeutete, Kundenmotive schnell zu entdecken und das Interesse des Kunden sofort zu gewinnen. **„Infotainment"** letztlich gestaltet eine Erlebnisunterhaltung mit Beispielen, die den Kunden aktiv in den Kaufprozess einbezieht. Eine praxisorientierte Analyse der Gespräche versetzte den Berater in die Lage, diese Schritt für Schritt intelligenter sowie erlebnisreicher zu gestalten.

Herr Schittly fand ein so großes Echo, dass er die Talent- sowie die Elite-Förderung im Vertrieb über 25 Jahre gestaltete. Seine Philosophie fand ihren Niederschlag in der Ausbildung neuer Mitarbeiter im Vertrieb als logische Konsequenz. Legendär waren und sind seine Praxisbeispiele anerkannter Persönlichkeiten, die in seinen Seminaren den Praxiseffekt noch steigerten. Von Siegern lernen, hieß das Motto. Sei es der Weltrekordler im Hochsprung Carlo Thränhardt oder Straßen-Weltmeister Rudi Altig. Sie stärkten die mentale Einstellung zum Erfolg. Neue Wege gehen, Selbstmotivation lernen und stärken, unterhaltende, charmante Rhetorik anwenden, stand auf dem Programm. Oder auch ein echtes „Verkaufstheater“ mit Schauspielern, die spielerisch zeigten, wie Verkaufen lustig + interessant vermittelt werden kann.

Aus alten Trampelpfaden ausbrechen und neue Wege beschreiten; emotional verkaufen und Praxis. Praxis. Praxis. Diese Schlagworte führten zu neuem Denken und Handeln.

Herr Schittly hat eine neue Dimension des Verkaufens mit Überzeugung gelebt. Seine Seminare bleiben mir fest in Erinnerung und gehen als „Sternstunden“ im und für den Verkauf in die Geschichte ein.

Prof. Dr. h. c. Walter Kessel

Von echten Profis zu lernen, verändert Dein Leben

Es ist 25 Jahre her. Ein Mittwoch war es. Wie immer Seminartag bei S & C, ein Finanzvertrieb in Berlin. Ich war ein „Neuling“ – voller Ideen und Lust auf die Vermarktung. Auf dem Plan stand ein Seminar zu Verkauf und Storytelling. Was bitte? Was?

Und da kam er; der „Guru“ für Verkauf und Storytelling: Hans D. Schittly. Ein unbeschreiblicher Tag! Ich war erstaunt, verwundert, überrascht und habe alles aufgesogen. So eine Person, solche Inhalte, so viel Charisma erlebte ich bis dato noch nie in meinem Leben. Es hat meinen Lebensweg bereichert und vor allem stark beeinflusst. Ich verlor Herrn Hans D. Schittly seitdem nie mehr aus den Augen.

10 Jahre später trafen wir uns zu einem ganz persönlichen Gespräch in Berlin. Ich war nun selbst ein junger Trainer für Verkauf. Wieder erlebte ich einen Mann, der mir mit Tipps und Hinweisen meinen Weg ebnete. Ein Aha-Erlebnis reihte sich ans andereund ich konnte von seiner unfassbar großen Erfahrung profitieren. Seine Fairness und seine Ausstrahlungskraft haben mich stark beeindruckt.

Und wieder viele Jahre später – den Kontakt haben wir immer weiter gepflegt – konnte ich nochmals aus seinem Wissensschatz schöpfen. Bei einem Großauftrag in diesem Jahr hat mich Hans D. Schittly unterstützt und mir mit seinen Erfahrungen zur Seite gestanden. Was für ein Lebensweg!

Wenn Sie jetzt dieses Buch lesen, dann werden Sie feststellen, es gibt kaum einen Trainer, Redner und Autor im deutschsprachigen Raum, der über so viel Kompetenz, Erfahrungen und vor allem Lust an der Vermarktung verfügt. Ich kann mit allem Nachdruck sagen, Hans D. Schittly ist ein Kenner seines Faches und ein wirklich feiner Mensch. Mentor, Ideengeber und vor allem ein echter Partner.

Karsten Brocke
Der Kaufanreger®

Wenn du etwas wissen willst
dann frage einen Erfahrenen
und keinen Gelehrten!

„Stories, die prägen“

Vorwort

Warum Stories die besten Lehrmeister sind!

Geschichtenerzähler faszinieren die Menschheit von Beginn an. Geschichten, Märchen und Anekdoten führen die Menschen in eine andere Welt, sie lassen sie mitfühlen und sie vermitteln auf spannende Weise Erkenntnisse. Sie regulieren Spielregeln und Verhaltensmuster.

Religionsgründer, Mullahs, Prediger, Bänkelsänger, Moritatenerzähler schaffen es immer wieder die Menschen um sich zu scharen und in ihren Bann zu ziehen. Man denke nur an einen Herrn mit Smoking und Zylinder, der sich im Hyde Park in London auf eine Kiste stellt und lauthals seine Botschaften in die Welt posaunt. Sofort bleiben die Leute stehen und lauschen. Die heutigen Comedians sind moderne Geschichtenerzähler, die mit ihren Erzählungen – oft unter der Gürtellinie – ihre Zuhörer begeistern.

In einem neuen Format im Fernsehen (Bares für Rares) wurde den erstaunten Antiquitätenhändlern eine Klo-Schüssel angeboten. Alle lachten sich über dieses Angebot kaputt. Als der Verkäufer erzählte dass es sich um eine Kloschüssel von einem Passagierschiff aus dem Jahre 1893 handelte, aus der First-Class usw., da überlegten und diskutierten die Händler, wer da wohl schon seinen Hintern drauf gesetzt haben möge und siehe da, die Gebote gingen in die Höhe. Es wurde also nicht die Kloschüssel gekauft, sondern die Vorstellung davon, wer da schon drauf gesessen hat.

Gute Verkäufer sind Geschichtenerzähler oder neudeutsch „Infotainer“, sie begeistern mit seriösen Animationen und Schilderungen. Informationen müssen so verpackt werden, dass eine 80-jährige Oma und ihr 10-jähriges Enkelkind alles verstehen. Juristendeutsch, Versicherungschinesisch, Ingenieurdeutsch versteht keiner und das will auch keiner hören …

Bloß informierte Menschen sind die nutzlosesten Langweiler der Welt!

Ohne Notwendigkeit viel zu reden, ist so, als würden wir unseren Garten vom Unkraut überwuchern lassen!

Wer eine interessante Story hat, genießt Anziehungskraft auf Menschen und damit Zuhörer.

Es genügt nicht zur Sache zu sprechen, man muss zu den Menschen sprechen. Mit Sprachbildern und Stories umschriebene Sachverhalte versteht jeder!

Es ist ein Merkmal von höchster Bildung, komplizierte Sachverhalte mit einfachen Worten wiederzugeben.

Prägungen in meiner Jugendzeit haben meine Berufswahl beeinflusst. Erlebnisse und Geschichten haben mich geformt und meine Einstellungen verändert. Sales Stories, die ich entwickelt habe oder auch hie und da aufgeschnappt habe, ermöglichten erfolgreiches Verkaufen. Meine Kunden und Gesprächspartner haben ihre Entscheidungen getroffen, weil sie verstanden haben, was sie kaufen. So haben auch viele meiner Seminarteilnehmer profitiert.

Die Geschichten in diesem Buch sollen wachrütteln, Vergnügen bereiten, den Spiegel vorhalten, nachdenklich stimmen und Erkenntnisse vermitteln, dass es auch andere Wege gibt, als die, die man bisher gegangen ist.

Kaltakquise: Blumengeschäft, Bäcker, Bekleidung usw. Wir sind Nachbarn geworden. Wollen Sie, dass ich bei Ihnen einkaufe? Ja. Ich möchte auch Sie als Kunde gewinnen …

Meine Erkenntnisse

I

Eigene, private Stories aus meinem Leben, was mich prägte

Wie ich zum Versicherungsfan wurde

In früher Jugend versuchte ich mich als Leichtathlet in allen für mich als geeignet erscheinenden Disziplinen: Hochsprung, Weitsprung, Diskus, 80 m Hürden. Sogar an die Mörderstrecke 400 m wagte ich mich.

Meine Erfolge hielten sich in Grenzen: 3. Platz bei den Württembergischen Meisterschaften war die Ausbeute. Ich haderte mit meinem Schuhwerk, denn meine Konkurrenten hatten auf den Laufstrecken schon richtige Spikes. Nachdem ich lange genug gebettelt hatte, ging mein Vater und ich in das Schuhhaus Wilhelm Laufer. Mein Vater war Generalagent einer Versicherung und kannte Herrn Laufer persönlich. Sie waren beide in der Vorstandschaft der Turngemeinde Schwenningen. Im Verlaufe des Verkaufsgespräches sagte mein Vater zu Herrn Laufer: „Du Wilhelm, Deine Lebensversicherung kommt demnächst zur Auszahlung." „Wie viel kriege ich denn raus?" fragte Herr Laufer. „Ich glaube es sind ungefähr 15.000,– DM" antwortete mein Vater. „Was soll ich denn damit, das ist doch nichts, warum hast du mir keine höhere Summe vorgeschlagen, ich hätte mir das doch leisten können …" Darauf mein Vater: „Erinnerst Du dich noch, vor sieben Jahren* musste ich vier oder fünf Mal zu Dir kommen, bis du endlich diesen Vertrag mit dieser Summe akzeptiert hast."

Ich erhielt meine gewünschten Spikes, was meine Ergebnisse jedoch nicht nachhaltig verbesserte.

Dieses Erlebnis prägte meine gesamte berufliche Zukunft, ohne dass ich es damals schon erkannt hätte.

Mir wurde bewusst, dass das Verhalten und die Einstellung der Kunden beeinflussbar sind. Wer über Versicherungen und deren Leistungen redet, erntet nur Ablehnung. Wer dagegen über die Gefühle spricht, die Kunden haben, wenn sie die Leistung erhalten, versetzt Kunden in positive Stimmungen.

Die Grundlage für viele meiner spontanen, positiven Reaktionen wurde bei diesem Erlebnis gelegt.

Wenn z. B. ein Kunde zu mir sagte: „Ich halte nichts von Versicherungen“ dann pflegte ich spontan zu antworten: „Meinen Sie vor oder nach einem Schaden? Sobald den Menschen in den Sinn kommt was ein Produkt ist, was es leisten kann und was es kostet, dann entstehen instinktiv Abwehrreaktionen.

Schließlich kauft niemand einen Preis und schon gar nicht Dinge, die er bisher nicht vermisste.

So war es mir möglich, trotz meiner versicherungswissenschaftlichen Ausbildung, für die unterschiedlichsten Branchen tätig zu werden. Ich versetzte mich in die Lage der jeweiligen Kunden, die das Produkt oder die Dienstleistung kaufen.

BMW hat das perfekt verstanden: Freude am Fahren!

Nur Fliegen ist schöner, spricht nur diejenigen an, die noch nie in der German Wings-Faltklasse geflogen sind!

Meine Erkenntnisse

....

....

....

....

....

....

....

....

....

Meine Tante Alma

Es war eine große Freude für mich als Kind wenn ich meine Tante Alma in einem kleinen Dorf in der Nähe von Emmendingen besuchen durfte. Es gab überall köstliches, frisches Obst, was ich aus meiner Heimat der Baar, einer Hochebene zwischen Schwarzwald und Schwäbischer Alb, so nicht kannte. Das größte Vergnügen bereitet mir jedoch die Fahrten mit einem Opel P4.

Meine Tante Alma war Verkäuferin und sie bereiste das Markgräfler Land und den Kaiserstuhl. Seit Jahren war sie bei den Kunden bekannt und alle freuten sich schon auf den regelmäßig stattfindenden Besuch. Meine Tante verkaufte alles; von der Schmierseife bis zu Gardinen. Das Vertrauen zu ihr war so groß, dass manche Bauern Geld mit dem Bestellzettel an einem vorher vereinbarten Ort deponierten, wenn sie selbst nicht zuhause waren.

Immer wieder faszinierte mich, was meine Tante alles über ihre Kunden wusste und in ihrem Gedächtnis abgespeichert hatte: Wie geht es denn Ihrer Tochter in Stuttgart, hat sie sich gut bei den Schwaben eingelebt? Nein, Ihre Mutter ist gestorben? Mein herzliches Beileid. Sie war eine so gütige Frau und wusste alles über Kräuter, die sie in ihrem Garten selbst angebaut hat.

Dabei begann meine Tante Alma herzergreifend zu weinen.

Und Ihr Sohn hat die Lehre schon beendet? Mir kommt es vor als sei es gestern gewesen, wie er mit seinem neuen Fahrrad die ersten Fahrversuche unternommen hat.

Meine Tante wusste einfach alles und sie konnte sich an viele Details erinnern, was die Kunden immer mehr verblüffte.

Zwischendurch, fast unbemerkt, sagte sie von dem Waschpulver schreibe ich auch noch zwei Einheiten auf, gell? Und ohne eine Antwort abzuwarten füllte sie das Bestellformular immer weiter aus.

Meine Tante Alma war die erfolgreichste Verkäuferin und sie konnte sich vieles leisten. Immerhin war es ein Privileg zur damaligen Zeit ein Auto zu besitzen. Ich war stolz auf sie!

In einer renommierten Wohngegend kaufte sie sich ein Wohnhaus mit einem sehr schönen, großen Obstgarten. Die Zeit sich zur Ruhe zu setzen war gekommen.

Inzwischen hatte ich mein Studium in Freiburg aufgenommen und so kam es, dass ich meine Tante Alma mal wieder besuchte. Sie empfing mich, elegant gekleidet und sehr gut aussehend, was mich zu der Bemerkung veranlasste: Dein Ruhestand scheint dir gut zu bekommen, du siehst blendend aus. Ihre Reaktion verblüffte mich: Ich mach' es wieder, ich bin wieder im Verkauf. Ich habe es ohne meine Kunden nicht mehr ausgehalten. Jetzt freue ich mich jeden Tag auf die vielen, lieben Menschen, denen ich etwas Gutes tun kann. Ruhestand ist nichts für mich, da vereinsame ich, das Leben wäre ohne meine Kunden öd und leer …

Damals konnte ich diese Aussage nicht verstehen, weil ich bis dahin immer nur Menschen begegnete, die sich auf ihren Ruhestand freuten und nur darauf hin arbeiteten.

Heute weiß ich: Wenn die Arbeit Spaß macht, braucht man nie mehr zu arbeiten!

Menschen muss man mögen! Wer seine Kunden mag, deren Wünsche, Ziele und Bedürfnisse ergründet, wer seine Rolle so definiert, dass den Kunden immer Gutes widerfährt und sich deren Nutzen stetig verbessert, wird Erfolg im Vertrieb haben.

Wer nur des Geldes wegen unterwegs ist, hat im Beruf eines Verkäufers nichts zu suchen.

Meine Erkenntnisse

....

....

....

....

Eigenes Geld!

Es war im November 1952. Weihnachten stand vor der Tür.

Es regnete und es war kalt. Zwischen die Regentropfen mischten sich die ersten Schneeflocken. Mit meinem alten Fahrrad fuhr ich wieder verschiedene Adressen an, um Versicherungsbeiträge zu kassieren. Ich war klatschnass und fror jämmerlich.

Der Kunde, den ich als nächsten aufsuchte, war ein sehr freundlicher, älterer Herr, der mich sofort in das Wohnzimmer bat. Er hatte wohl Mitleid mit der durchnässten, schlotternden Gestalt. Seine Ehefrau brachte mir eine Tasse Tee, die mich etwas erwärmen sollte.

Dann kam der geschäftliche Part. Der Versicherungsbeitrag betrug 18,40 DM und der Kunde gab mir 18,60 DM und er sagte zu mir: „Da hast du 20 Pfennig Taschengeld, kauf Dir etwas dafür".

Ich war überglücklich, denn für 20 Pfennige konnte ich mir immerhin 4 Brausetütchen oder 1 Mandarine leisten.

Wenn ein Schwabe sich freiwillig von 20 Pfennigen trennt, dann musste er sich bestimmt einen gewaltigen Ruck dazu gegeben haben. Bestimmt hat sein Mitleid mit mir sein Herz erweicht.

Ich entschied mich, 1 Mandarine zu kaufen, die ich dann gleich, noch im Tante Emma-Laden, genüsslich verzehrte.

Irgendwie hatte ich ein glückliches Gefühl. Bisher musste ich immer meinen Vater anbetteln, wenn ich etwas haben wollte. Heute habe ich mir etwas gekauft; von meinem eigenen Geld, das ich mir selbst verdient hatte. Ich brauchte nicht zu bitten!

In der Folge stellte ich fest, dass ich es in der Hand hatte zu eigenem, selbst verdienten Geld zu kommen. Ich musste freundlich und zuvorkommend sein, auch mal hilfsbereit, etwas für andere tun …

Je mehr Kunden ich aufsuchte um Beiträge zu kassieren, umso häufiger passierte es, dass ich Trinkgeld bekam. Schlechtes Wetter nutzte ich aus, weil sich das Mitleid der Kunden für meinen Zustand noch erhöhte. Mein Vater sagte schon mal, dass ich bei dem Wetter nicht raus müsse, ich könnte ruhig ein paar Tage warten. Worauf ich wahrheitsgemäß antwortete, dass mir das nichts ausmacht. Ich spekulierte auf Trinkgeld!

Wer mehr Geld haben will, muss es sich holen! Selbständige bekommen umso mehr Geld, je mehr Kunden sie besuchen. In meinem Umfeld hörte ich immer, wie die Leute erzählten, wie wenig sie für ihre Arbeit bekamen. Ich hatte beinahe Mitleid mit ihnen, denn schließlich konnten sie ihren Lohn nicht beeinflussen.

Ich dagegen hatte Glück. Ich lief immer wieder zu meinem Vater und fragte ihn, ob er noch einige Belege zusätzlich für mich zum Kassieren hätte.

Ich hatte es selbst in der Hand, wenn ich mehr Geld verdienen wollte! Das war ein tolles Gefühl!

Merksätze: Dienen kommt vor dem Verdienen! Erfolgreiche sind unabhängig!

Meine Erkenntnisse

Was ich an Ansehen verloren habe …

Eines Tages kam der Bezirksdirektor aus Stuttgart zu Besuch, um die Ergebnisse zu besprechen und neue Ziele zu vereinbaren. Damals befand sich das Büro noch in einer Ecke unseres Wohnzimmers und bestand nur aus einem alten, rustikalen Schreibtisch und einem kleinen Schränkchen.

Natürlich wurden die Kinder, meine Schwester und ich, vorgeführt. „Du bist aber groß, gehst Du schon ins Gymnasium …" usw. waren die Kommentare. Ehrfürchtig standen meine Schwester und ich da und ließen das mit uns geschehen. Plötzlich zum Entsetzen aller entwich dem Herrn Bezirksdirektor ein lauter, für alle vernehmbarer Furz. Momente des Schweigens wurden nur durch ein Kichern meiner Schwester und mir unterbrochen. Der seriöse Herr Bezirksdirektor blieb gelassen und reagierte: „Was ich an Ansehen verloren habe, habe ich an Gesundheit gewonnen!" Meine Schwester und ich stürzten aus dem Zimmer und konnten uns vor Lachen nicht mehr einkriegen.

Mein ganzes Berufsleben hat mich eines begleitet: Wenn Kunden Freude haben und lachen können, dann ist Einkaufen einfach geworden! Mit Schlagfertigkeit und Humor lassen sich viele Situationen meistern!

Viele Sales Stories, die ich im Laufe meines Berufslebens für Verkäufer und Firmen entwickelt habe, waren nur deshalb so erfolgreich, weil sie bestimmte Situationen karikiert, die Sachverhalte übertrieben dargestellt und immer einen humoristischen Hintergrund hatten. Übertreibungen verfehlten ihre Wirkung nicht!

Beispiel:

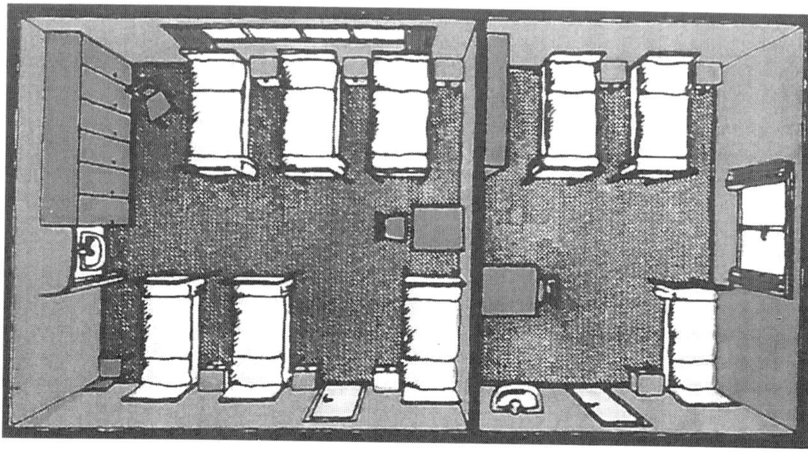

Regelleistung!

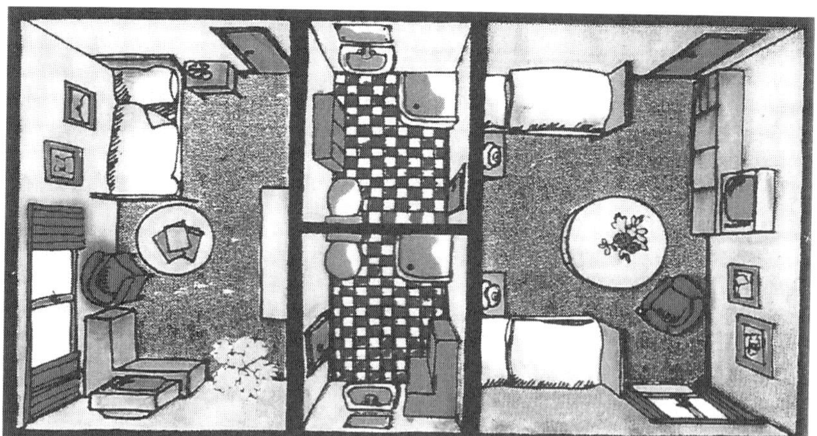

Wahlleistungen!

„Bei stationärer Heilbehandlung hat ein Mitglied der GKV Anspruch auf Regelleistung. Er muss sich in das nächstgelegene, öffentliche Krankenhaus begeben, muss sich von dem gerade diensttuenden Arzt behandeln lassen. Das kann z.B. Dr. Lumumba sein, der zur Zeit eine Umschulung vom Medizinmann zum Arzt absolviert. Er muss sich in die allgemeine Pflegeklasse legen, das kann ein drei- oder auch mal ein sechs-Bett-Zimmer sein. Es ist für alles gesorgt. Jeder hat sein eigenes Bett, es gibt sogar ein Waschbecken und man kann zusehen, wie andere ihre Genitalien reinigen. Wer Glück hat, erwischt das 6-Bett-Zimmer. Hier kann er Sitten und Gebräuche anderer Nationalitäten kennenlernen. In einem Bett liegt Achmed is mir Übel, der wird täglich von seiner Sippe besucht, im anderen ein Asthmatiker, da wird man Tag und Nacht ausgepfiffen, daneben einer, der bettlägerig ist und die Notdurft im Bett verrichtet, die Schwester kommt mit der Pfanne und dirigiert: „Drücken", ein anderer trinkt den Knoblauchsaft, und man hat das Gefühl auf dem Wochenmarkt in Marokko zu sein.

Jeder hat die Wahl frei zu entscheiden, ob er im 1-, 2-, oder Mehrbettzimmer untergebracht werden möchte. Die Entscheidung muss er allerdings treffen bevor es soweit ist! Wahlleistung bedeutet: Wahl des Krankenhauses, des behandelnden Arztes, den Komfort."

Meine Erkenntnisse

Ich war der Beste

Ich war gerade einmal 13 Jahre alt. In der Versicherungsagentur durfte (musste) ich Versicherungsbeiträge kassieren. Dazu muss man wissen, dass damals noch das persönliche Inkasso durchgeführt wurde. So kam es, dass ich die kleinen Beträge kassieren durfte und mein Vater holte sich die großen Beträge direkt beim Kunden ab. Verständlich, denn ich erhielt 1 % des jeweiligen Betrages als Lohn. Den höchsten Jahresbeitrag, den ich jemals kassierte betrug 22,50 DM und der niedrigste Beitrag betrug gerade einmal 3,70 DM für eine Feuerversicherung. Diese Kundin musste ich besonders oft aufsuchen, weil sie nie so viel Geld im Haus hatte! Ich denke sie hatte das Geld, jedoch wollte sie es lieber für andere Zwecke ausgeben.

Eines Tages startete die Gesellschaft eine Erhöhungsaktion! Die Prämienrechnungen enthielten einen Anhang, den die Kunden unterschreiben sollten. Mit der Unterschrift und Begleichung des um 50 % höheren Beitrages, galt eine um 50 % höhere Versicherungssumme als vereinbart.

Mein Vater „trainierte" mich: „Du sagst, dass alles teurer wird und deshalb auch die Werte gestiegen sind, die Erhöhung ist wichtig, sonst entsteht eine Unterversicherung".

Ich machte wie mir gesagt wurde, doch die Erfolge hielten sich in Grenzen. Doch dann kam die Wende:

Ein Kunde fragte mich: „Was hast du denn davon, wenn wir diese Erhöhung machen?"

Wahrheitsgemäß sagte ich: „Von meinem Vater bekomme ich dann eine Belohnung". Daraufhin sagte der Kunde: „Also gut, dir zuliebe machen wir das". Und er unterschrieb und bezahlte!

Daraufhin habe ich mein Verkaufsgespräch völlig umgestellt.

Weiterhin verwies ich auf die Teuerung, die Inflation und die drohende Unterversicherung. Doch mein „Verkaufsgespräch" beendete ich immer mit dem Hinweis:

„Wenn Sie das machen, dann bekomme ich etwas dafür von meinem Vater!“ Es waren viele Kunden, die das dann spontan akzeptierten. Häufig hörte ich Kommentare wie: „Das hast du aber schön gesagt. Na gut, dann wollen wir nicht so sein …“ oder „Na ja, dir zuliebe machen wir das!“

Mir wurde klar, es sind nicht immer rationale Gründe die Kaufentscheidungen auslösen. Umsetzen konnte ich diese Erkenntnis erst sehr viel später in meiner eigenen Verkaufspraxis.

Einige Wochen später erhielt mein Vater von der Bezirksdirektion eine Einladung zu einer Tagung nach Balingen/Württ. Er wurde gebeten, mich zu der Tagung mitzubringen. Wir fuhren mit einem Motorrad Express mit einem 98er Sachsmotor nach Balingen. Etwa 20 honorige Generalvertreter hatten sich versammelt und die besten Verkäufer sollten durch den Herrn Bezirksdirektor persönlich geehrt werden, sofern ihre Leistungen eine Ehrung rechtfertigten.

Zu aller Überraschung wurde ich kleiner Pimpf aufgerufen und geehrt, weil ich bei den von mir besuchten Kunden die höchste Umstellungsrate erzielt hatte. Ich war mächtig stolz und ich glaube, mein Vater auch.

Der Beifall der Generalvertreter ging mir jahrelang nicht mehr aus den Ohren, ich wollte auch zukünftig Erfolge feiern! Es ist ein tolles Gefühl!

Dr. Michael Gross, einer der erfolgreichsten Sportler Deutschlands sagte einmal: „Es ist besser, Ehrungen zu verdienen und nicht geehrt zu werden, als geehrt zu sein, ohne es zu verdienen.“ Ob er damit auch die gedopten Sportler gemeint hat?

Meine Erkenntnisse

Grüne Versicherungskarte am Sonntagmorgen …

Meine Heimatstadt liegt 50 km nördlich von Schaffhausen. Wer es sich leisten konnte fuhr an Sonntagen in die Schweiz um Kaffee und Schokolade einzukaufen. Diese Produkte waren damals dort günstig erstehen und v. a. viel besser als diejenigen, die es in Deutschland zu kaufen gab.

Wer ins Ausland fahren wollte, musste die grüne Versicherungskarte mit sich führen und das wurde bei der Grenzkontrolle konsequent überprüft. Wer sie nicht dabei hatte erhielt keine Einreiseerlaubnis.

So kam es häufig vor, dass es am Sonntagmorgen um 5:00 Uhr, 6:00 Uhr oder 7:00 Uhr an der Haustüre klingelte und ein verzweifelter Kunde bat, ihm doch seine grüne Versicherungskarte auszustellen. Seine Familie saß im Auto.

Mein Vater kletterte im Schlafanzug aus dem Bett, ging an den Schreibtisch, der in der Ecke der „guten Stube" stand, kramte die Papiere hervor, legte das Blaupapier ein und tippte auf einer damals schon alten Schreibmaschine die Daten in das Formular.

Mir fiel immer auf, dass die Leute, die sonntags zu uns kamen, ganz klein waren, nicht an Länge oder Größe gemessen, sondern wegen ihres Verhaltens: Sie entschuldigten sich, sie baten und bettelten geradezu. Einige boten sich sogar an etwas aus der Schweiz mitzubringen. Wenn man bedenkt, dass die Einfuhrmenge streng eingeschränkt war, dann stellte dieser Vorschlag ein großzügiges Entgegenkommen dar.

Wir haben doch nur freundliche und liebenswerte Kunden; dieser Eindruck entstand bei mir.

Doch das änderte sich spontan, wenn es Versicherungsbeiträge zu kassieren galt oder noch extremer, ein Vorschlag für einen Neuabschluss oder für eine Erhöhung auf dem Tisch lag.

Plötzlich waren die Gesprächspartner ganz groß: sie hatten kein Geld, keine Zeit, der Besuch kam immer ungelegen.

Sie hatten völlig vergessen, dass die Störung am frühen Sonntagmorgen auch zu einem ungelegenen Zeitpunkt stattfand.

Meine Erkenntnis: Wenn Verkäufer etwas von Kunden wollen, dann machen sie sich klein, sie machen sich zu Bittstellern und drängen den Gesprächspartner in eine dominante Rolle. Wenn Verkäufer dagegen etwas für Kunden haben, dann bleiben sie im Gesprächsverlauf immer souverän.

Meine Erkenntnisse

....

....

....

....

....

....

....

....

....

Frei sprechen?

Als Primaner lernt man nicht gerne, vor allem wenn man die Mädels im Kopf hat. Mein Glück war, dass ich mir Gedichte sehr leicht merken konnte. Wenn ich sie morgens vor Schulbeginn zwei- bis dreimal gelesen hatte, dann reichte das.

So war es an jenem schicksalhaften Tag auch wieder.
Die Schulstunde begann und die Lehrerin, Frau Kappus, forderte mich auf das Gedicht vorzutragen und dafür nach vorne vor die Klasse zu treten. Mich traf der Schlag: Ein Tischmikrofon war aufgebaut und auf einem Uher-Tonbandgerät sollte mein Vortrag aufgezeichnet werden. Das Gerät störte mich ungemein und ein totaler Blackout erfasste mich. Ich stammelte nur Fetzen des Gedichtes und ausschließlich exzellente Germanisten hätten meine Präsentation noch mit dem Originalgedicht in Verbindung bringen können. Doch das war noch nicht alles. Wenige Tage später hatte mein Vater bei der Lehrerin einen Termin wegen ihrer Versicherung. Bei dieser Gelegenheit hat sie ihm die Glanzleistung seines Sprösslings vorgespielt. Wie kannst Du mich derart blamieren, waren die Worte meines Vaters, als er mich zur Rede stellte! Dabei hatte ich doch das Gedicht vorgetragen und nicht er!

Einige Jahre später, Studium der BWL an der Uni Mannheim, wurde ich von Prof. Dr. Dieter Farny aufgefordert, meine Facharbeit vor der Studentenschaft vorzutragen. An das Thema kann ich mich noch sehr gut erinnern: Die neue Hausratversicherung. Als ich auf der Bühne stand, vor 120 Studenten, versagte mir die Stimme. Die Zunge schwoll an, der Mund war ausgetrocknet. Ich wollte abhauen, doch das ging nicht denn alle warteten auf meine Ausführungen. Schließlich wurde ich ausgewählt meine Facharbeit vorzutragen und zur Diskussion zu stellen, dann konnte sie ja nicht schlecht gewesen sein. Ich blickte in 120 grinsende Gesichter. Sie schienen zu sagen: Sonst hast du doch auch immer eine große Klappe, nun lege doch endlich los! Ich schaute nach links und rechts und suchte Hilfe. Doch es gab niemanden. Es schien eine endlos lange Zeit vergangen zu sein, bis ich endlich die ersten Töne herausbrachte. Von Minute zu Minute wurde ich ruhiger und sicherer, bis ich auf einmal mein Referat fließend vortrug. Der Beifall gab mir das Gefühl, es doch noch geschafft zu haben.

Was ich aus diesen beiden Erlebnissen für mich lernte: Wie oft reden wir uns ein, dass wir etwas nicht können, ohne uns jemals darin zu versuchen. Ich kann nicht vor Gruppen sprechen, vielleicht ist diese Angst erst entstanden, als ich mit meinem Gedichtvortrag so jämmerlich versagt habe?

Als ich dann vor den Studenten stand und niemand half mir das zu tun, was ich vermeintlich nicht konnte. Jetzt musste ich reden und erkannte nach einigen Minuten: Es geht doch.

Wenn heute ein Seminarteilnehmer zu mir sagt, das kann ich nicht, dann fordere ich ihn auf zu beweisen, dass er (oder auch sie) es nicht kann. Wenn sie dann tun, was sie nicht können, stellen sie fest, dass sie es doch schaffen. Sie wussten es nur noch nicht!

Die höchste Motivation ist etwas tun zu können, was vorher nicht beherrscht wurde. Kleine Kinder sind hier unsere Vorbilder, sie freuen sich enthusiastisch: Jetzt kann ich es auch …

Meine Erkenntnisse

II

Allgemeine Stories, Lebensweisheiten

Botschafter statt Verkäufer

Es gab noch Zeiten, da waren Absolventen der Hochschulen als Arbeitskräfte begehrt. Es gab mehr freie Stellen als Absolventen.

In genau dieser Zeit absolvierte ich mein Examen an der Universität Mannheim. Mir war klar, dass ich mich in einer sehr komfortablen Situation befand. Viele Unternehmen warben um mich bzw. meine Arbeitskraft. Stellte man sich bei einem Unternehmen vor, dann wurden die Reisekosten, Übernachtung und sogar Spesen bezahlt.

Gemeinsam mit einem Kommilitonen studierte ich diverse Tageszeitungen und wir hielten Ausschau nach Möglichkeiten sich zu bewerben. Wir wollten ganz einfach nach dem Examen ein paar Wochen durch die Lande fahren und Spesen und Reisekosten kassieren. Eine Absicht eine der ausgelobten Positionen anzunehmen hatten wir nicht, da unser weiterer Berufsweg schon fixiert war.

Da fiel uns ein Stellenangebot ins Auge das unser Interesse weckte. Ein Unternehmen suchte einen Handelsattaché für Deutschland. Wenn wir uns darauf bewerben, dann werden die Spesen besonders hoch ausfallen, vermuteten wir.

Nacheinander wurden wir drei honorigen Herren vorgeführt, die uns in ein lockeres Gespräch verwickelten, dabei wurden auch unsere Sprachkenntnisse getestet. So nach und nach wurden wir davon in Kenntnis gesetzt um welche Tätigkeit es sich bei einem Handelsattaché handelt. Wir sollten Absauganlagen an Industriebetriebe verkaufen!

Der Beruf eines Verkäufers hatte schon damals einen faden Beigeschmack: „der will Kunden über den Tisch ziehen, den Leuten das Geld abnehmen, das sind Quasseltanten mit Sprechdurchfall, die ihre Kunden zu überreden versuchen“. Solche und ähnliche Sprüche gab es immer wieder zu hören.

Mit der Berufsbezeichnung „Handelsattaché“ wollte das Unternehmen Bewerber anlocken, die sich auf eine Anzeige, mit der Verkäufer gesucht werden, nicht gemeldet hätten.

Dieses negative Bild eines Verkäufers hat sich bis heute gehalten. Vielfach wird die Rolle des Verkäufers elegant umschrieben: „Inspektor, Geschäftsstellenleiter, Angestellter im Außendienst, Key-Account-Manager, Consultant, Subdirektor u. v. m." Kein noch so raffinierter Titel kann darüber hinwegtäuschen, dass es sich um einen Verkäufer handelt. Schon mit den ersten Worten entlarvt er sich: „Ich möchte Sie gerne mal informieren …" Der Kunde weiß natürlich sofort, dass das die Unwahrheit ist, denn der Verkäufer strebt nach Umsatz und nicht nach informierten Kunden.

Verkäufer rühmen sich mit ihren Glanzleistungen: „Ich habe einem Eskimo einen Kühlschrank verkauft", sagte der eine „und ich einem Bauer eine Melkmaschine, die einzige Kuh habe ich in Zahlung genommen", sagte ein anderer. Ein Dritter setzte noch einen obendrauf: „Ich habe dem Papst ein Abonnement des Playboy angedreht und eine Packung Kondome".

Verkaufen ist eine der wichtigsten Tätigkeiten überhaupt. Die Wirtschaft kann nur funktionieren, wenn die Produkte, die hergestellt werden, auch abgesetzt werden. Angeprangert wird also nicht der Verkäuferberuf sondern die unlauteren Methoden, die einige dabei an den Tag legen.

Meine Erkenntnisse

Verkaufen

Ein erfolgreicher Verkäufer, der für einen der größten Seifenkonzerne arbeitete, wurde mal gefragt, wie man mit Seife so viel Geld verdienen könne. Seine Antwort und dabei funkelten seine Augen:

Seife, was ist das? Sie meinen jenen Artikel, der den Hausfrauen so viel Arbeit erspart, der die Krönung aller Haushaltsreinigungsmittel darstellt, der die Wäsche so süß duften lässt, Sie meinen jenes Mittel, das selbst die ölverschmutzteste Hand eines Motorschlossers sofort reinigt, das Bakterien, Schmutz und Keime sofort verschwinden lässt, Sie meinen die einmalige Formel, durch die der Esstisch in blütenweißer Wäsche erstrahlen lässt, die Ihnen erlaubt, all Ihre Haushaltsarbeit ohne Furcht vor verarbeiteten, verschmutzten und verfärbten Händen zu tun, Sie meinen das excellente Produkt, das Ihrem kleinen Mädchen solch einen Hauch von Pfirsich und Creme gibt. Oh, das ist es was Sie Seife nennen? Was für ein nichtssagender, alltäglicher Name für eine solch wundervolle, herrliche und einmalige Erfindung!

Nun mag diese Schilderung reichlich übertrieben sein. Sie macht jedoch eines deutlich, nur wer überzeugt und begeistert von seinem Produkt ist, kann dieses auch überzeugend verkaufen und seine Kunden begeistern.

Mein Freund Pit erzählte mir, dass sein Sohn Heiko sein Studium beendet hat. Die verschiedensten Versicherungsvertreter geben sich nun gegenseitig die Türklinke in die Hand. Alle wollen ihm eine Berufsunfähigkeitsversicherung verkaufen. Was meinst Du, ist so etwas notwendig? Soll er die abschließen?, fragte er mich.

Ich hätte nun sagen können, wie schnell man berufsunfähig werden kann, oder welche Leistungen eine solche Versicherung beinhaltet, oder was sie kostet usw. Mit jedem Argument hätte ich doch nur zum Ausdruck gebracht dass ich ihn drängen will seinen Sohn zu beeinflussen.

Ich sagte zu meinem Freund: Diese Frage kann ich Dir nicht beantworten, das muss der Heiko schon selbst entscheiden. Frage ihn doch einfach, ob er es sich leisten kann auf bis zu 70 % seines Einkommens zu verzichten, wenn er aus gesundheitlichen Gründen nicht mehr arbeiten kann.

Mit der flachen Hand klatschte sich mein Freund vor die Stirne und sagte: Ist ja logisch!

Eine junge Dame betritt ein Fitnessstudio und sagt: Ich habe so zugenommen, ich muss unbedingt etwas tun. Welche Geräte haben Sie hier? Anstatt der jungen Dame die Geräte zu zeigen, fragte er sie: Wie viel haben Sie denn zugenommen? In den letzten zwei Jahren 5 kg, antwortete die Dame. Dann sind das ja in 10 Jahren 25 kg, argumentierte der Verkäufer. Die Dame reagierte geschockt. Wie viel wiegen Sie denn? Fragte er weiter. 60 kg, antwortete sie. Dann sind das in 10 Jahren … Hören Sie auf, sagte sie, ich will ja abnehmen …

Dieses – zugegeben – übertriebene Beispiel für eine Argumentation macht zwei Dinge deutlich:

1. Der Kunde erkennt das Problem, nicht kaufen hat Konsequenzen, kaufen auch.

2. Die Argumentation geschah scheinbar absichtslos. Der Kunde kommt zur eigenen Erkenntnis, was zu tun ist

Menschen lassen sich am liebsten durch Argumente überzeugen, die ihnen selbst in den Sinn gekommen sind!

Meine Erkenntnisse

Die Wahrnehmung

In ihrem Buch „StoryPower“ erzählt Vera Birkenbihl folgende Geschichte.

Ein New Yorker Taxifahrer steht an seinem Taxistand und wartet auf Fahrgäste. Die Geschäfte laufen schlecht, er ist total deprimiert, er weiß nicht, wie er sein Schulden abbezahlen und seine Familie ernähren soll.. Er beklagt sich über die Fahrgäste, weil sie nur kurze Routen bei ihm buchen, sein Fahrzeug verschmutzen, einer hat sogar das Polster zerrissen. Während er so vor sich hin brummelte hörte er im Radio, wie ein Verkaufstrainer sagte: Menschen lassen sich in zwei Gruppen aufteilen, die Frösche und die Adler. Die Frösche jammern ständig über ihr Schicksal unternehmen jedoch nichts gegen ihre Situation. Die Adler suchen und finden immer Lösungen. Der kennt mich ja, der spricht über mich und er entschloss sich etwas zu tun um seiner miserablen Lage zu entfliehen. Er fuhr nachhause, brachte sein Taxi auf Hochglanz, kleidete sich businessgerecht und fuhr wieder an seinen Taxistand. Als sich der erste Fahrgast näherte, stieg er aus, öffnete ihm die Türe und fragte ihn, ob er sich unterhalten möchte oder lieben Musik hören, welche Zeitung er lesen möchte, ob er ein Erfrischungsgetränk möchte … Der Gast war erfreut, erbat sich die Visitenkarte des Taxifahrers, damit er und seine Geschäftspartner ihn buchen können. Siehe da, die Aufträge sprudelten schon nach kurzer Zeit. Es entwickelte sich das größte Taxiunternehmen New Yorks in der Folge.

Mein Tipp: Immer wenn Sie jemanden klagen hören, dann reden Sie mit ihm:

„Quaak, quaak!“ Gleichgültig in welcher Situation Sie sich auch immer befinden, überprüfen Sie sich: sind Sie Adler oder Frosch. Einzig der Adler hat Chancen, dass sich etwas verbessert.

Ein Makler bat mich um Rat. In letzter Zeit häuften sich Kündigungen von sehr guten Mandanten. Es gab keinerlei Beschwerden oder Differenzen. Es gab auch keine Hinweise darauf, ob die Kunden von Mitbewerbern oder InsurTechs abgeworben wurden. Meine Frage, welche Aktivitäten der Makler unternommen hat, um dem Kunden das gesamte Leistungsspektrum bewusst werden zu lassen, konnte er nicht beantworten.

„Das haben wir immer so gemacht!" Diese Philosophie kann in einer sich immer schneller ändernden Welt niemanden mehr begeistern.

Solange die Wahrnehmung durch seine Kunden nicht verändert wird, gilt das Unternehmen als veraltet. Kunden erwarten mehr als nur Service, Produktqualität und Preiswürdigkeit.

Wenn Kunden kündigen, dann müssen sie das Gefühl haben etwas aufzugeben. Ist dies nicht der Fall stellt eine Kündigung keine Überwindung dar. Überarbeiten Sie laufend Ihre Philosophie und setzen Sie Ihre Kunden davon in Kenntnis, was alles besser geworden ist: Deckungskonzepte, maßgeschneidert wie ein Fingerabdruck!

Sie sind kein Verkäufer, sondern Verantwortlicher und Sie haften für alles was Sie tun, Sie sind der Anwalt des Kunden gegenüber Gesellschaften, Sie liefern added values, also Zusatznutzen, die weit über das übliche hinausgehen. Informieren Sie laufend, worauf Ihr Kunde Anspruch hat. Lieber einmal zu oft, als einmal zu wenig!

Das alles gibt der Kunde, der kündigt, auf!

Sorgen Sie dafür, dass Kunden Sie neu wahrnehmen, Sie neu einordnen. Sorgen Sie für eine Beziehung die über lange Zeit hält und Mitbewerbern keine Chance eröffnet.

Meine Erkenntnisse

Mehr verkaufen

Der Besitzer eines Supermarktes stand vor einer schwierigen, wirtschaftlichen Herausforderung: Seine Umsätze sind rapide gesunken. Die Gründe lagen – so vermutete er – in der angespannten wirtschaftlichen Lage und in der stetig wachsenden Konkurrenz.

Um sein Geschäft zu retten musste die Cross Selling Rate drastisch gesteigert werden. Allerdings standen für ausgeklügelte und aufwendige Werbemaßnahmen keine Mittel zur Verfügung.

Doch mit einem minimalen Kapitaleinsatz hat er es geschafft:
Über Nacht ließ er die Einkaufswagen gegen größere austauschen! Die Kundinnen und Kunden zeigen bei ihrem Einkauf ein Gewohnheitsverhalten; es werden in etwa immer die gleichen Dinge benötigt und eingekauft. Kunden haben eine optische Vorstellung davon, wie der gefüllte Einkaufswagen aussieht. Heute steht sie an der Kasse und **sieht** ihren zur Hälfte gefüllten Einkaufswagen, der sonst immer fast voll gewesen ist. Sie hat nun das Gefühl, irgendetwas Wichtiges vergessen zu haben. Sie fährt noch einmal durch die Regale und, ohne es bewusst wahrzunehmen, kauft sie Dinge ein, die sie später zuhause bestimmt nicht vermisst hätte.

Allein das Gefühl, man hätte etwas vergessen, löst Kaufimpulse aus.

Die inneren Dialoge bei Kunden zu steuern ist die Kunst beim Verkaufen. Wer dies beherrscht, erlebt die Faszination des Verkaufens.

Erst wenn etwas vermisst wird, will man es haben. Gute Verkäufer beherrschen die Fähigkeit Kunden dieses Gefühl zu vermitteln. „Nichts nutzt einen PKW so sehr ab, als wenn der Nachbar sich einen neuen kauft."

Die Sprüche der Verkäufer und die Werbeslogans sind hinlänglich bekannt und wirken dennoch:

„Das trägt man heute so" (Mode)
„Eigentum macht unabhängig" (Immobilienverkäufer)

„Freude am Fahren“ (BMW)
„So geht Technik“ (Saturn)
„Gold und Silber statt Geld“ (Edelmetallverkäufer)
Meine Haustüre war immer in Ordnung. Bis sich mein Nachbar eine einbruchsichere Tür einbauen ließ, da wurde ich nachdenklich und fragte ihn nach der Firma.

Meine Erkenntnisse

Die Nase vorn

Es liegt Jahre zurück, da züchtete ich noch Rennpferde und nach entsprechender Ausbildung starteten diese in verschiedenen Städten bei Pferderennen.

Eines Tages fuhren meine Frau und ich mit unserem Crack namens Karloff nach Baden Baden zu einem wichtigen Rennen. Die Dotierung betrug für den Sieger 47.000,– € und für den Zweitplazierten 12.000,– €. Voller Hochspannung saßen wir auf der Tribüne um diesem Ereignis zu folgen. Auf der Zielgeraden kämpften noch zwei Pferde um den Sieg miteinander. Gleichzeitig liefen die beiden über die Ziellinie. Ich war überzeugt davon: Karloff, unser Pferd hatte gewonnen. Es gehörte zum guten Vertrauen in sein Pferd, dass man auch ein paar Euro am Wettschalter darauf gesetzt hatte. Nach dem Zieleinlauf war ich überzeugt: Karloff hatte gewonnen. Doch der Sprecher verkündigte über den Lautsprecher: „Zielfoto auf den ersten beiden Plätzen, Nr. 7 und Nr. 3". Das kann nicht sein, dachte ich. Karloff hat doch ganz klar gewonnen.

Das dauerte sehr lange bis endlich das Ergebnis verkündet wurde: „Silvermoon siegt mit einer Nase vor Karloff". Die Enttäuschung war groß. Auch eine Vergrößerung des Zielfotos veränderte das Ergebnis nicht mehr, außer die Erkenntnis, dass der Abstand zwischen Silvermoon und unserem Pferd Karloff noch geringer war als eine Nasenlänge.

Der Unterschied zwischen einem Top-Verkäufer und einem mittelmäßigen Verkäufer ist oft nur eine Nasenlänge oder noch geringer.

So ist es ein gewaltiger Unterschied ob ich am Telefon, bei der Terminvereinbarung, sage, „haben Sie einen Augenblick Zeit für mich?" oder ich frage „haben sie einen Augenblick Zeit für sich?" Der Unterschied ist marginal, nur ein Buchstabe wird ausgewechselt.

Dennoch erfolgt eine völlig andere Reaktion des Kunden.

Ähnlich verhält es sich, wenn der Verkäufer fragt: „Ich kann Ihnen zwei Termine zur Wahl nennen, Montag 17:00 Uhr oder Mittwoch 14:30 Uhr; welcher Termin passt Ihnen?" Der Kunde könnte diese gebräuchliche Alternativtaktik kennen. Besser ist es doch, nur eine Kleinigkeit zu ändern: „Gibt es in der kommenden Woche einen Tag, an dem es bei Ihnen auf keinen Fall geht?"

Nun beginnt der Kunde seinen Terminplan gedanklich durchzugehen, er überlegt sich an welchen Tagen er bereits belegt ist.

Die Reaktionen der Kunden sind immer die Folge der Aktion. Beispiel: Kunde am Ende eines Gespräches: „Ich überlege mir das noch und melde mich bei Ihnen." Reaktion: „Was gibt es denn noch zu überlegen? Wenn Sie Fragen haben, dann sollten wir diese jetzt besprechen."

Andere Antwort: „Ich vertraue Ihnen, dass Sie mich zuverlässig über Ihre Entscheidung informieren werden, schließlich konnte ich mich immer auf Sie verlassen."

Meine Erkenntnisse

Kundenorientierung

Vera Birkenbihl erzählt in ihrem Buch „Story Power“ folgende Geschichte:

In einem amerikanischen Supermarkt arbeitete Joe an der Kasse.

Joe war mongoloid. Die Kunden mieden es von ihm bedient zu werden.

Da Joe keine Freunde hatte und auch abends nie wegging, beschäftigte er sich intensiv mit seinem Computer. Er sammelte Sprüche, Aphorismen und Merksätze.

Eines Tages kam ihm die Idee, wie er Kundinnen und Kunden dazu bringen konnte, sich von ihm bedienen zu lassen. Er schrieb jeden Tag einen Leitspruch mit seinem Computer, vervielfältigte diesen und steckte täglich einer Kundin einen solchen Spruch in die Einkaufstüte. Als die Kunden nach Hause kamen, reagierten sie erfreut, als sie diesen Spruch vorfanden und ihn gelesen haben. Immer mehr Kundinnen und Kunden wollten ausschließlich von Joe bedient werden.

Eines Tages stand eine lange Schlange von Kundinnen und Kunden an Joes Kasse. Die anderen Kassen waren fast leer. Der Geschäftsführer kam und deutete den Wartenden an, dass sie an den leeren Kassen schneller bedient würden. Doch die Kunden sagten: Nein, nein, wir warten gerne, wir bekommen nämlich von Joe unseren Spruch für den heutigen Tag.

Diese Idee begeisterte den Geschäftsführer. Sie wurde auf alle anderen Kassen mit übertragen und der Supermarkt war bald der mit den höchsten Umsätzen, auf die Einwohnerzahl gerechnet, in ganz USA.

Joe wollte beachtet werden und genauso behandelt werden wie die anderen Kolleginnen und Kollegen an den anderen Kassen. Er hat sich nicht beklagt, sondern er hat sich überlegt, womit er die Kunden an seine Kasse locken könnte. Wie erreiche ich Aufmerksamkeit, womit kann ich mich von anderen abheben, was bereitet den Kunden Freude? Auf diese Fragen fand er die Antwort.

Seine Idee mit den Sinnsprüchen wurde eine geradezu geniale Vertriebsidee.

Wuppertal ist eine Stadt mit vielen Arbeitslosen, Geschäfte schließen, Kneipen klagen über sinkende Umsätze. Das gilt nicht für Giovanni, dem Inhaber eines italienischen Restaurants.

Giovanni ist erfolgreich, sein Restaurant ist immer gut besucht. Giovanni spricht sehr gut Deutsch, doch er begrüßt jeden Gast auf Italienisch und per Handschlag. Er fragt jeden wie er zu ihm gefunden hat und bietet ihm den schönsten Tisch an. Giovanni hat nur schönste Tische. Jeder Gast erhält mit der Rechnung eine persönliche Einladungskarte für das nächste Event mit live Musik. Dann fragt er den Kunden: Wenn du willst ich reserviere diesen Tisch? Wie viele Personen? Alle Gäste werden wieder von Giovanni persönlich verabschiedet. Dabei überreicht er den Damen immer eine süße Erinnerung aus Italien. Giovanni will, dass sich seine Gäste wohl fühlen, er vermittelt ein Gefühl, das an den letzten Italienurlaub erinnert. Dabei wirkt Giovanni nie aufdringlich, er ist immer fröhlich und behandelt jeden Gast wie einen König. Die Musik ist dezent und wie könnte es anders sein: italienisch!

Giovanni's Gäste kommen nicht um ihren Hunger zu stillen, um Spaghetti, Pizza oder Dorade zu essen, sondern um ein kurzes Urlaubserlebnis zu genießen.

Wenn man andere Gastronomen in Wuppertal fragt, warum Giovanni diesen Erfolg hat, dann sagen sie: die gute Lage, der hat Parkplätze, es ist halt ein Italiener! Die Wahrheit ist, Giovanni tut etwas für seine Gäste anstatt zu jammern!

Meine Erkenntnisse

Sich selbst erfüllende Prophezeiung

Mich fasziniert immer wieder Slalomfahrern oder Rodlern zuzusehen, wie sie sich auf ihren Lauf vorbereiten. Sie schließen die Augen und gehen jede Kurve und jede Slalomstange vor ihrem geistigen Auge durch. Es wurde erzählt, dass Georg Hackl (3-facher Olympiasieger) seinen Lauf mental vor dem Rennen durchlief und dafür die gleiche Zeit benötigte wie im Rennen. Er hatte nicht nur die Kurven verinnerlicht sondern auch den exakten Zeitbedarf. Er hätte auch mit verbundenen Augen fahren können.

Ein Unternehmer hatte einen wichtigen Geschäftstermin in London; es ging um einen Großauftrag in Millionenhöhe.

Gemeinsam mit seiner Assistentin flog er von Düsseldorf nach London. Während des Fluges diktierte er seiner Assistentin das Bestätigungsschreiben das sie nach dem Gespräch an den Verhandlungspartner versenden wollten:

Wir bedanken uns für den freundlichen Empfang in Ihrem Hause und für das konstruktive, angenehme Gespräch. Wir haben folgende Vereinbarung getroffen:

1. Lieferumfang
2. Zahlungsbedingungen
3. Added values
4. Kundendienst und Service

Darüber hinaus haben wir vereinbart, dass wir auf Geschäftsführerebene 1 mal monatlich telefonischen Kontakt halten, um den jeweiligen Sachstand zu besprechen.

Auf dem Rückflug von London nach Düsseldorf, das war noch am gleichen Tag, brauchte das Bestätigungsschreiben nur in ganz wenigen Punkten korrigiert zu werden. Wie Georg Hackl seinen Lauf schon vorher programmierte, so hatte auch der Unternehmer den Gesprächsablauf schon programmiert und nicht nur das Ergebnis als Wunsch formuliert.

Viele Unternehmer erwarten von ihren Verkäufern einen bestimmten Umsatz. Wer diesen Umsatz abliefert wird gelobt und belohnt. Wenn es jedoch gelingt gemeinsam mit den Verkäufern den Verhandlungs-Prozess zu programmieren, dann werden die Umsätze und Ergebnisse stetig steigen.

Doch Vorsicht: Programmieren bedeutet nicht ein Gespräch auswendig zu lernen oder gar einen Leitfaden zu entwickeln. Jeder muss authentisch bleiben. Wer kopiert bleibt eine Kopie, und die ist immer schlechter als das Original. Niemand kann sich schließlich selbst verlassen.

Programmieren Sie ihre Gesprächsabläufe und planen dabei die Reaktionen Ihrer Kunden mit ein? Oder überlassen Sie es dem Zufall, mit welchem Ergebnis Sie das Gespräch beenden?.

Jede Verhandlung ist wie eine Reise: Das Reiseziel wurde festgelegt und dann wurden die einzelnen Schritte geplant, Verkehrsmittel, Unterkunft, Kleidung usw. Zu jeder Verhandlung gehört zunächst das Verhandlungsziel und dann die Orientierung. Wer die Orientierung verliert, wir sein Ziel nie erreichen.

Meine Erkenntnisse

....

....

....

....

....

....

....

....

Wichtiger als Fachwissen

Antiquitäten haben mich schon immer interessiert, alte Möbel, Skulpturen, Bilder, Orientteppiche usw. So besuchte ich immer wieder Auktionen in München. Der Auktionator verstand es vortrefflich die Gebote in die Höhe zu treiben, indem er Geschichten erzählte die sich (angeblich) um das Exponat drehten. So erzählte er nicht aus welchem Holz der Sekretär bestand, dies erwähnte er allenfalls in einem Nebensatz. Vielmehr erzählte er Geschichten der Prinzessin von und zu …, die an diesem Sekretär ihre Liebesbriefe an den bürgerlichen … geschrieben hat.

Eine Lithografie von Pablo Picasso wurde aufgerufen: ein hässliches Bild, schwarz/weiß, ein Druck, der sicher tausendfach vervielfältigt wurde. Das Bild wies aber eine Besonderheit auf, rechts unten stand: „pour mon ami Gilbert, Picasso", mit roter Tinte, original von Hand geschrieben. Der Auktionator hat das Bild völlig aus den Augen verloren, er erzählte von Picasso und von den Preisen, die seine Bilder überall auf der Welt erzielten, von dem Freund Gilbert, dem er diesen Druck gewidmet hat und wie selten es vorkam, dass Picasso eines seiner Bilder verschenkte. Er redete unentwegt und die Gebote schnellten in die Höhe. Ich weiß nicht, wo das Bild heute hängt, doch denke ich, die Gäste mussten sich diese Stories schon öfter anhören. Der Bieter hatte nicht das Bild gekauft, sondern die Geschichten!

Meine Tochter fragte mich eines Tages: Wir wollen für den Luis Geld ansparen, wozu rätst Du uns? Ich fragte sie, woran sie und mein Schwiegersohn denn bisher gedacht haben. Sie meinte, dass sie in einen Bausparvertrag einzahlen wollten, den sie ja bei der Sparkasse abschließen können. Ich erklärte ihr, dass sie zunächst ein Eintrittsgeld zu zahlen hätte, um das Recht auf Sparen zu erwerben, auch Abschlussgebühr genannt. Nun wollte sie von mir wissen, welche Alternativen es gibt. Ich riet ihr zu einem Investmentsparplan. Doch den lehnte sie rigoros ab, das Risiko Geld zu verlieren sei viel zu groß.

Ich versprach ihr, dass ich mich erkundigen wolle und mich wieder bei ihr melden werde. Ich schloss bei einem Makler einen Vertrag ab: Meine Tochter als versicherte Person, ich als Beitragszahler und für meinen Enkel Luis sollten die Ersparnisse sein.

Nach einigen Tagen rief ich meine Tochter an und ich sagte ihr, dass ein Brief mit Dokumenten an sie unterwegs sei und sie müssen an den gelb markierten Stellen unterschreiben und zurücksenden. Sie fragte mich, was ich denn gemacht habe. Daraufhin sagte ich ihr: „Für Luis habe ich mich für ein Lebenswegbegleitprogramm entschieden". Worauf sie mich fragte, was das denn sei. Ich antwortete: „Immer wenn der Luis später Geld braucht, mit 18 den Führerschein zu machen, das Studium, ein Auto, eine eigene Wohnung usw. bis hin zur Ergänzung der Rentenansprüche … er kann immer auf das Guthaben zurückgreifen". Das fand sie richtig gut und sie bedankte sich bei mir.

Einige Wochen später lud meine Tochter andere Mütter aus der Kindergruppe zu sich in den Garten ein und bei Kaffee und Kuchen diskutierten die Damen auch über Themen wie Vorsorge für die Kinder, wer, was, wie gemacht hat. Meine Tochter erzählte stolz: „Mein Papa hat für Luis ein Lebenswegbegleitprogramm gemacht. Immer wenn Luis später einmal Geld braucht für Führerschein, Auto, Studium usw. dann kann er über die Ersparnisse verfügen". Die Damen wollten natürlich mehr dazu erfahren.

Meine Tochter sagte mir, sie hätte an diesem Tag 4 bis 5 solcher Verträge abschließen können!

Übrigens: Das Lebenswegbegleitprogramm ist ein Investmentsparplan, doch den wollte meine Tochter auf keinen Fall haben!

Meine Erkenntnisse

Besser als andere

Gemeinsam mit einem Generalvertreter der Allianz betreute und beriet ich ein Industrieunternehmen, das von zwei Brüdern geleitet wurde.

Eines Tages erreichte uns die traurige Nachricht, dass einer der beiden Brüder plötzlich und unerwartet verstorben ist. Wir überlegten uns, was denn nun zu tun ist. Ohne Frage, wir mussten uns bei der Beerdigung präsentieren.

Dann überlegten wir: Werden wir unter tausenden von Trauergästen überhaupt wahrgenommen? Unser Kranz mit Schleife liegt vielleicht ganz unten und keiner sieht ihn. Das Fazit war für uns klar: Auch wenn wir nicht in der Trauergemeinde vertreten sind, wird dies keinerlei Auswirkungen auf die geschäftliche Beziehung haben.

Dann überlegten wir: was zu tun ist, damit wir wahrgenommen werden. Wir beschlossen, eine Woche nach der Beerdigung zum Bruder zu gehen, bewaffnet mit einem Kranz, um dem Bruder unsere Beileidsbekundungen zu übermitteln. Bei dieser Gelegenheit werden wir fragen, ob er jemanden in der Firma hat, der uns zum Friedhof begleiten und uns das Grab zeigen kann, um unseren Kranz nieder zu legen. Ende der Überlegung: Das machen wir so!

Mit dem Kranz im Kofferraum fuhren wir zu dieser Firma. An der Sekretärin vorbei zu kommen war gar kein Problem, schließlich wollten wir kondolieren!

Das Gespräch entwickelte sich folgendermaßen:

„Aufrichtiges Beileid … wir waren untröstlich, dass wir an den Feierlichkeiten zur Beisetzung Ihres Bruders nicht teilnehmen konnten, ein Auslandstermin konnte leider nicht mehr storniert werden. Wir möchten jedoch Ihren Bruder unseren Respekt und die letzte Ehre erweisen und haben deshalb ein Kranzgebinde vorbereitet. Gibt es einen Mitarbeiter Ihres Unternehmens, der uns begleiten kann, um uns das Grab zu zeigen?“

Spontan erklärte sich der Bruder bereit, uns persönlich zu begleiten. Gemeinsam fuhren wir zum Friedhof und veranstalteten eine „zweite Beerdigungszeremonie“.

Unser Kranz lag obenauf, die Blumen waren noch frisch und die Schleife für jeden deutlich zu erkennen!

Nicht was wir sagen oder tun ist wichtig, sondern einzig und allein wie wir wahrgenommen werden.

Mit einem Unternehmer (Sektkellerei) versuchte ich einen Besprechungstermin abzustimmen. Er hatte nie Zeit und ich denke, er ließ sich immer wieder verleugnen. Eines Tages, nach vielen deprimierenden Versuchen, hatte ich ihn persönlich am Apparat.

„Sie sind ganz schön hartnäckig", sagte er zu mir. Meine Antwort kurz und knapp:

„Sie wären bestimmt froh, wenn Ihre Verkäufer so wären." Daraufhin lachte er und sagte: Da haben Sie auch wieder recht? Den Besprechungstermin zu erhalten, war nun kein Problem mehr.

Meine Erkenntnis aus diesem Erlebnis: Jeder Unternehmer muss und will seine Produkte verkaufen, denn niemand produziert für das Lager oder für die Halde! Deshalb sind Unternehmer Verkäufern gegenüber aufgeschlossener eingestellt als Privatpersonen.

Wichtig: Wie Sie Verkaufen auch als Verkaufen benennen und sich dazu bekennen, zeigt Ihnen die nächste Story.

Meine Erkenntnisse

Angst?

Lernen bedeutet, etwas zu tun, bevor man es kann!

Coaching bedeutet, Menschen dazu zu bringen etwas zu tun, von dem sie nicht wussten, dass sie es können.

Wellendorff ist eine Schmuckmanufaktur, die weltweit agiert und ihren Vertrieb über ausgewählte Juweliere und auch über eigene Boutiquen organisiert. Wellendorff gehört zu den 30 Premium-Marken in Deutschland und ist in der elitären Gruppe wie Ferrari, Brioni, Glashütte, Bose, Louis Vuitton usw. zuhause.

Das Außergewöhnliche Merkmal bei Wellendorff ist, dass sie an die Juweliere nicht nur den Schmuck verkauft, sondern sie liefern auch sog. Abverkaufsstrategien, d. h. sie zeigen den Juwelieren, wie sie den Schmuck erfolgreich an den Mann und an die Frau bringen. Hier beginnt meine Aktivität, die ich seit ca. 15 Jahren dort ausübe.

Beim letzten Training sollte eine Mitarbeiterin Kontakt zu einer Filiale von Les Ambassadeurs in Luzern herstellen und mit der dortigen Geschäftsführerin eine Verkaufsaktion terminieren. Ich erklärte der Mitarbeiterin, dass das Gespräch mit Sicherheit so enden wird, dass die Geschäftsführerin an Ihren Chef, den Herrn Z. in Zürich verweisen wird. Dann ist es doch sinnvoller, wenn Sie gleich Herrn Z. in Zürich anrufen.

„Nein, das mache ich nicht, der ist cholerisch, aggressiv, der spricht sowieso nicht mit mir“, war ihre spontane Reaktion.

„Wenn Sie Herrn Z. persönlich ansprechen, welche der drei möglichen Reaktionen halten Sie für die Wahrscheinlichste:

- Mit Ihnen spreche ich nicht
- Ich will mehr darüber wissen
- Nein?“

„Wahrscheinlich will er mehr darüber wissen wollen“, sagte sie.

„Mal angenommen das Gespräch haben Sie geführt, es liegt hinter Ihnen, in welcher Gefühlssituation befinden Sie sich jetzt und zwar völlig unabhängig vom Gesprächsergebnis?“

„Mit Sicherheit ein super Gefühl."

„Prima, dann holen Sie sich jetzt das Gefühl! Rufen Sie zunächst das Sekretariat an und lassen sich mit Herrn Z. verbinden."

„Aber wie soll ich das machen?"

Sie sagen zur Sekretärin: „Wellendorff hat ein völlig neues Vertriebskonzept entwickelt, das zu großartigen Ergebnissen geführt hat. Das möchte Herr Ziegler sicher kennen lernen, um zu entscheiden, ob das für Les Ambassadeurs infrage kommt."

Dieses Gespräch haben wir trainiert, so dass die Mitarbeiterin es mit ihren Worten führen konnte.

„Aber, wie geht es jetzt weiter", fragte mich die Mitarbeiterin.

Dann trainierten wir folgendes Gespräch:

„Ich rufe Sie persönlich an, weil ich eine Entscheidung benötige. Ein völlig neues, von Wellendorff entwickeltes Vertriebskonzept, hat bei 9 Kunden zu 9 Käufen geführt. Gerne möchte ich dies testen und ich biete es Ihnen als ersten unserer Partner an, dieses in einer Ihrer Filialen umzusetzen. Welche Filiale kommt Ihrer Meinung nach dafür infrage?"

Die Reaktion des Geschäftsführers war völlig logisch. Er wollte Details zu dem Konzept kennenlernen, er wollte seinen Marketingleiter informieren und hat die Filiale Luzern für die Testphase vorgeschlagen.

Die Mitarbeiterin flippte nach dem Telefonat völlig aus vor Begeisterung. Mir war klar, es war nicht das Ergebnis, was sie zu diesem Gefühlsausbruch veranlasste. Es war die Erkenntnis, etwas zu können, was sie sich zuvor nicht zugetraut hatte.

Meine Erkenntnisse

Keine Angst vor hohen Preisen

Die folgende Erfahrung ist mir immer wieder begegnet: Wenn ein Kunde für eine Versicherung monatlich 500,– € aufwenden sollte und der Berater verfügte selbst gerade mal über ein Netto-Einkommen in Höhe von 3.000,– €, dann tat er sich schwer den Preis überhaupt anzusprechen. Zu meiner Zeit als Firmenberater in der Pfalz fiel ich immer wieder dadurch auf, dass ich, besonders in der Sparte Unfallversicherung, Verträge mit hohen Beiträgen verkaufte. So kam es, dass ich von Agenturen und Inspektoren immer wieder gebeten wurde, sie bei Verhandlungen zu begleiten.

Ein Bezirksinspektor, der als Angestellter die nebenberufliche Organisation betreute, bat mich ihn bei einer Verkaufsverhandlung in einem Weingut in der Nähe von Neustadt an der Weinstraße zu unterstützen. Der Kunde hatte eine Unfallversicherung, mit einem Jahresbeitrag in Höhe von 54,– € vor Jahren abgeschlossen. Dieser Vertrag sollte auf eine Unfallversicherung mit Beitragsrückgewähr umgestellt werden. Der Inspektor empfahl den Vertrag mit einem neuen Beitrag in Höhe von 630,– DM umzustellen. Das Angebot lag dem Kunden vor, er konnte sich jedoch bisher nicht entscheiden.

Es war das Jahr 1967, ein Jahrhundertsommer mit extrem hohen Temperaturen. Der Winzer hatte den ganzen Tag gemeinsam mit seiner Frau im Weinberg gearbeitet. Ermüdet setzte er sich zu uns an den Tisch, um nach wenigen Minuten leicht einzunicken.

Nachdem ich das Prinzip der Unfallversicherung erläutert hatte – den Multiplikationsfaktor, die Rendite, Geld zurück auch wenn ein Schaden eingetreten ist, die Rendite usw. – legte ich zwei Vorschläge vor: Einer mit einem Beitrag in Höhe von 1.500,– DM und einen anderen mit einem Beitrag in Höhe von 2.700,– DM. Die Ehefrau des Winzers war aufmerksam und sehr interessiert am Gespräch beteiligt, stellte immer wieder Zwischenfragen, Ihr Ehemann schien völlig unbeteiligt daneben zu sitzen und dies mit geschlossenen Augen.

Als ich nun die Ehefrau fragte, welcher der beiden Vorschläge ihr denn eher zusagen würde, reagierte der Inspektor beinahe entsetzt, weil er sich nie vorstellen konnte, dass ein derart hoher Beitrag überhaupt akzeptiert würde.

Zu unser aller Verblüffung fragte der Winzer: „Ist das Geld wirklich gespart,

bekommen wir das auf jeden Fall zurück?"

Ganz kurz erklärte ich noch einmal das Prinzip und die Verzinsung, worauf der Kunde ganz spontan sagte: „Dann nehmen wir das große!"

Als Firmenberater hatte ich es natürlich häufig mit ganz anderen Beiträgen für Versicherungen, als gegenüber denen von Privathaushalten, zu tun. Meine Erkenntnis die ich aus dieser Erfahrung gewann:

Der persönliche Vorteil, den der Kunde für sich erkennt, ist Ursache für seine Kaufentscheidung. Für den Kunden war wichtig zu wissen: Ich bin unfallversichert und bekomme alle Beiträge nach der vereinbarten Laufzeit wieder zurück und darüber hinaus auch noch eine attraktive Verzinsung.

Später wurde mir bewusst, dass der Kunde auch einen noch höheren Beitrag akzeptiert hätte. Der Preis spielt bei Verkaufsverhandlungen eine meist untergeordnete Rolle. Wenn die Leute etwas unbedingt haben wollen, dann ist der Preis zweitrangig! Diese Erkenntnis nutzen Verkäufer von Eintrittskarten für Großereignisse wie Fußballspiele. Horrende Preise werden gezahlt, weil man unbedingt das Spiel live erleben will.

Meine Erkenntnisse

....

....

....

....

....

Und es geht doch!

Ein Hersteller von Kosmetikprodukten brauchte mich mal wieder.

Das Unternehmen hatte eine neue Methode der medizinischen Hautpflege entwickelt. Mit einem Peeling-Gerät wird zunächst die Haut bearbeitet und dann mit einer medizinischen Creme wieder aufgebaut.

Nun galt es Kosmetikinstitute zu gewinnen. Dazu sollten die Vertriebsdirektorinnen telefonisch Termine vereinbaren. Während einer Vorführung galt es dann die Inhaberinnen zu überzeugen, dieses System in ihrem Institut einzusetzen.

Alle Damen sagten mir zu Beginn des Trainings übereinstimmend, dass dies nicht möglich sei, da alle Institute über viele Lieferanten verfügten und keinerlei Interesse hätten, zusätzliche Produkte in ihr Sortiment aufzunehmen.

Bevor ich beurteilen kann, ob etwas geht oder nicht, höre ich mir an, wie konkret telefoniert wird. Deshalb bat ich eine Teilnehmerin eine Kontaktaufnahme live vorzumachen. Nach einigem Zögern (… wenn jemand zuhört kann ich das nicht …) telefonierte sie:

„Guten Tag, (Vorstellung) kann ich bitte die Chefin sprechen?“

„Worum geht es?“

„Wir möchten Ihnen gerne mal ein neues Behandlungssystem vorstellen.“

„Meine Chefin ist gerade in einer Behandlung, außerdem haben wir genügend

Produktpartner und wir nehmen keine neuen Anbieter und Lieferanten mehr auf …“

Auch die folgenden zwei Telefonate hatten einen ähnlichen Verlauf!

Nun bat ich die Teilnehmerinnen mir doch mal eine Anschrift zu geben, damit ich mir ein eigenes Bild verschaffen könne. Es war die Telefon Nr. eines Kosmetikinstitutes in Eisenstadt in Österreich. Das Gespräch nahm folgenden Verlauf:

Nachdem ich die Nummer gewählt hatte meldete sich eine weibliche Stimme:

Ich begrüßte meine Gesprächspartnerin: „Guten Tag, ich bin Hans D. Schittly“ Sie antwortete genauso höflich: „Grüß Gott!“

Ich fuhr fort: „Ich brauche mal Ihre Hilfe. Ich suche das angesehenste und renommierteste Kosmetikinstitut hier in Eisenstadt. Welches können Sie mir benennen.“

Sie daraufhin: „Das sind schon wir hier, wir haben 4 Kosmetikerinnen beschäftigt.“

Ich entgegnete unbeirrt: „Das ist ja prima, dann brauche ich kurz Ihre Chefin.“ Eine Frauenstimme sagte am anderen Ende der Leitung: „Ja bitte?“

Ich erläuterte mein Anliegen: „Ihre Mitarbeiterin sagte mir soeben, dass Sie das angesehenste Institut hier in Eisenstadt besitzen. Diesem Institut möchten wir ein Alleinstellungsmerkmal verschaffen. Eine völlig neuartige, medizinisch anerkannte Behandlungsmethode alternde Haut zu verjüngen. Nur ein einziges Institut in Eisenstadt kann dies erhalten. Möchten Sie, dass Ihr Institut das sein wird?“

Die Chefin antwortete: „Ja, schon. Worum geht es genau?“

Ich: „Diese Frage lässt sich am besten anlässlich einer Live-Präsentation beantworten. Wollen Sie dazu Kundinnen einladen oder wollen Sie es zunächst mit Ihren Mitarbeiterinnen erleben?“

Ich hörte wie das Eis schmolz: „Das möchte ich dann doch zunächst mit meinen Kosmetikerinnen machen …“

Ich schloss das Gespräch mit den Worten ab: „Achten Sie darauf, wenn wir jetzt den Termin festlegen, dass wir ca. 2 Stunden für die Vorführung benötigen …“ Dann wurde der Termin fix vereinbart!

Das war Zufall, sagten die Vertriebsdirektorinnen übereinstimmend. Normal läuft das nicht so einfach. Verblüffend war dann doch: Auch die folgenden Gespräche waren fast alles Zufälle!

Übrigens: Ein Telefontraining brauchten die Damen von mir nie mehr, Termine hatten alle plötzlich reichlich!

Meine Erkenntnisse

Und noch einmal Angst?

Tue das, wovor du Angst hast und die Angst vergeht!

Angst ist wie eine Fata Morgana, gehe auf sie zu und die verschwindet! Wer auf seine Angst hört, wird nie wissen, wozu er fähig ist!

Diese Sprüche kennt jeder, schließlich sind sie nicht neu, dennoch werden sie nur selten beherzigt. In hartnäckigen oder schweren Fällen geht es meist nur unter fachkundiger Anleitung!

Ein Ingenieurbüro leidet darunter, dass es ausländische Anbieter gibt, die für ein Drittel der Honorare arbeiten, wie sie selbst. Die beauftragenden Firmen neigen dazu, die Preise immer mehr in den Vordergrund zu rücken und weniger die Kompetenzen zu überprüfen. Die machen auch einen guten Job! hört man dann häufig als Begründung bei Ablehnungen.

Ein Unternehmen mit Sitz in Coburg bat mich ein Live-Training für ihre Mitarbeiterin zu organisieren. Es sollte mit dem Training erreicht werden, dass die Mitarbeiterin sofort bei Firmen ruft, um Aufträge zu generieren.

Wir haben zunächst die Alleinstellungsmerkmale dieses Ingenieurbüro herausgearbeitet, dann die Nutzenmodule für den jeweiligen Auftraggeber formuliert. Dann haben wir das Gespräch strukturiert. Die ersten Gespräche habe ich dann mit verschiedenen Firmen vorgemacht.

Nun wäre es geradezu frevelhaft zu sagen, ich könnte es besser als andere. Weit gefehlt, der einzige Unterschied zwischen mir und meinen Trainingsteilnehmern besteht darin, dass ich zum Hörer greife und einfach anrufe. Martin Limbeck* sagt „Nicht gekauft hat er schon", dieser Zustand lässt sich nur durch Anrufen verändern!

In der Folge sprachen wir mit einigen Firmen, die mit externen Ingenieurbüros zusammen arbeiten wollen. Und tatsächlich hörten wir immer wieder die Einwände, die wir vorher schon formuliert hatten. Der Überraschungseffekt blieb bei uns aus, denn wir wussten ja schon wie die Angerufenen reagieren werden. Nun schlug unsere Stunde, um unsere eintrainierten Reaktionen zum Besten zu geben:

„Wie müssen höhere Honorare kompensiert werden?“

„Was erwarten Sie von einem externen Ingenieurbüro?“

„Was müssten wir bieten, damit – zumindest in Teilbereichen – eine Kooperation zustande kommt?“

„Preisvorteil ist das eine was Unternehmen erwarten, unter welchen Bedingungen ist denn ein höheres Honorar gerechtfertigt?“

Solche oder ähnliche Fragen haben wir entwickelt und trainiert. Dann ging es ans Telefon. Verblüffend war, dass ganz selten eine strikte Ablehnung die Folge unserer Argumentation war. Die häufigsten Antworten waren;

„Wenn Ihr Ingenieur bei uns in der Container-Burg sein Büro einrichtet, dann kommen wir zusammen.“

„Was können Sie denn besser als die anderen?“

„Welche Referenzen können Sie aufzeigen?“

Solche Fragen der Gesprächspartner haben eine deutliche Signalwirkung: Wenn Sie unsere Erwartungen erfüllen, dann kommen wir ins Geschäft.

Die Mitarbeiterin, die anfangs vor Aufregung ein vor Erregung gerötetes Gesicht hatte, telefonierte anschließend souverän und selbstbewusst.

Einige Wochen später, beim Folgetraining sagte sie lachend zu mir: „Ich brauche Sie nicht mehr, wir haben eine Vielzahl von Terminen und Aufträgen. Wir suchen noch einen exzellenten Ingenieur!“

Meine Erkenntnis: Die besten Leitfäden hätten es nicht vermocht, die Mitarbeiterin dazu zu bringen zu Telefonieren!

Meine Erkenntnisse

Mut

Was unterscheidet erfolgreiche Sportler von den weniger erfolgreichen?

Die Erfolgreichen tun das, was andere auch können, jedoch nicht wissen und glauben, dass sie es können, und deshalb auch nicht tun!

Unsere jüngste Tochter spielte mit 17 Jahren in einer Handballmannschaft. Die Mädels waren sehr erfolgreich und stiegen in die Landesliga auf. Nun brauchten sie natürlich neue Trikots. Nachdem ich abgelehnt hatte das Sponsoring zu übernehmen, riet ich den Mädels in die Stadt zu gehen und Firmen direkt anzusprechen. Das wollten nun die Spielerinnen doch nicht tun, sie wussten im Voraus schon, dass sie keinen Erfolg haben würden. Unsere Tochter begab sich deshalb allein auf den Weg und kam völlig niedergeschlagen zurück. Kein Geschäftsmann war bereit, etwas zur Finanzierung der Trikots beizutragen. Ein betuchter Unternehmer fuhr zwei Ferraris und fiel auf, weil er sich auf seinen Geschäftserfolg eine Menge einbildete.

„Den könnte ich doch mal ansprechen", sagte meine Tochter, „aber der ist doch so kritisch und arrogant, der wird mich nicht einmal anhören".

„Das kommt darauf an wie Du ihn ansprichst", sagte ich. „Sage ihm doch einfach, dass ihr in die Landesliga aufgestiegen seid, dass er von Eurem Erfolg profitieren kann, indem sein Logo auf Euren Trikots prangen wird. Wenn er jedoch wirtschaftliche Probleme hat, dann soll er das gleich sagen, dann könnt ihr das Gespräch beenden".

„Das kann ich doch nicht machen", sagte meine Tochter.

Darauf ich: „Natürlich kannst du das, es erfordert allerdings eine Überwindung. Entscheide für dich, entweder du überwindest dich und ihr bekommt neue Trikots oder du überwindest dich nicht und ihr spielt weiterhin in den ausgewaschenen, hässlichen, grünen Trikots. Es liegt allein an Dir, in welchen Trikots ihr auflaufen werdet!"

Mit 830,– €, dem Kaufpreis für die neuen Trikots, kehrte sie zurück und war überglücklich und stolz. Auch die anderen Spielerinnen bewunderten sie, weil sie das geschafft hatte.

Ein Unternehmer aus Kiel bat mich, ihn auf einer Geschäftsreise nach Piräus zu begleiten. Er wollte eine große Reederei als Kunde gewinnen. Neben meinem Honorar lockte er mich mit einem 7-tägigen Luxusurlaub auf Zypern. Ich fragte ihn, wer denn sein Gesprächspartner sei, der Reeder oder der Geschäftsführer.

„Natürlich der Geschäftsführer!" sagte er. „Na, dann brauchen Sie mich nicht, denn dann ist es doch ganz einfach.

Nachdem Sie alle Vorzüge Ihres Angebotes kunden- und nutzenorientiert dargestellt haben, und auch den Preis erwähnt haben, fragen Sie den Geschäftsführer, mit welchen Worten er dem Reeder gegenüber begründen wird, warum er sich für Ihr Angebot entschieden hat."

„Das kann ich doch nicht machen, denn er hat sich noch nicht entschieden!"

„Dann bleiben Sie hier und Sie sparen sich die Reisekosten", war mein Kommentar.

„Aber der Gesprächspartner hat mir in diesem Fall noch gar nicht gesagt, dass er mein Angebot akzeptiert".

Ich mit einem Augenzwinkern: „Die Reaktion Ihres Gesprächspartners signalisiert Ihnen die Kaufbereitschaft".

Bei meinem nächsten Training in Kiel etwa 6 Wochen später, kam der Unternehmer mit ausgebreiteten Armen auf mich zu und sagte:

„Noch nie in meinem Leben musste ich mich derart überwinden, doch ich habe es gemacht wie Sie empfohlen haben und ich habe den kompletten Auftrag erhalten."

Besiege Deine Angst oder die Angst besiegt Dich!

Du wirst nie wissen wozu Du fähig bist, wenn Du auf Deine Angst hörst! Angst ist wie eine Fata Morgana, gehe auf Sie zu und sie verschwindet!

Meine Erkenntnisse

Beschwerdemanagement auf gut schwäbisch

Im Verlauf meiner Verkaufs- und Trainertätigkeit lernte ich viele Tagungszentren, Hotels und manchmal auch sehr rustikale Trainingseinrichtungen kennen.

Im Norden von Stuttgart, ganz nahe bei Backnang, liegt ein renommiertes Tagungshotel, das über alle Annehmlichkeiten wie Schwimmbad, Sauna, Fitness, Tennisplätze, Disco, Tischtennis, Dart und Billard verfügte. Dazu gab es perfekt ausgestattete Tagungsräume unterschiedlicher Größe. Kein Wunder dass viele Firmen dieses Angebot nutzten.

Eines Tages führte Daimler Benz ein Training für Sekretärinnen durch. Als diese Damen sich für die Sauna anmeldeten, witterten einige Herren aus anderen Seminaren hier eine Chance, diese Damen einmal näher in Augenschein nehmen zu können. Um den Kontakt zu erleichtern, besorgten sie sich ein paar Flaschen Sekt und begaben sich ebenfalls in die Sauna. Die Damen bedankten sich für den Sekt und baten die Herren unverzüglich die Sauna zu verlassen. Die Sekretärinnen feierten ausgiebig mit Sektaufgüssen. Es ging hoch her. Als der Seniorchef des Hotels davon erfuhr, kündigte er den langfristigen Vertrag mit Daimler Benz. Als ich ihn fragte, ob er damit nicht einen wichtigen Kunden verliert, dann antwortete er: „Ich lass mir mein Hotel nicht in Verruf bringen, egal von wem!"

Dieser Seniorchef war ein Hotelier der ganz alten Schule, bis ins hohe Alter stand er hinter dem Tresen und später nur noch an der Rezeption, von früh bis abends. Nur wenige Gäste aus dem Ort waren anzutreffen. Außer einem, der war geradezu Stammgast. Beinahe jeden Abend saß er in einer Ecke und trank sein Viertele. Eine Tages sagte er zu dem Seniorchef: „Du Karle, des Viertele schmeckt mir net".

Seelenruhig ging der Wirt zu dem Gast, nahm ihm das Glas weg schüttete den restlichen Inhalt in den Abguss und sagte: „No goscht woandersch na".

Als ich nach ca. 4 Wochen wieder in diesem Hotel war, stellte ich fest, dass der Gast wieder in der Ecke saß und sein Viertele trank. Jetzt beschwerte er sich nicht mehr, denn er wusste wohl, was ihm dann blühte.

Eines Tages stand ich an der Rezeption und wurde zufällig Zeuge einer Diskussion zwischen einem Gast und dem Seniorchef:

Gast: „Ich möchte mich beschweren". Hotelier: „Ja, tun Sie sich ruhig beschweren".

Gast: „Die Dusche hat keinen Duschvorhang, das ganze Bad wird nass". Hotelier: „Ja, das wissen wir, die Duschvorhänge sind nicht hygienisch". Gast: „Ich komme nie mehr in dieses Hotel".

Hotelier, freundlich lächelnd: „Dann kommen andere, gell"?

Meine Erkenntnis aus diesem Erlebnis: Wenn Sie eine Entscheidung getroffen haben – wie in diesem Fall beispielsweise keine Duschvorhänge anzubringen – dann stehen Sie zu Ihrer Entscheidung und wenn es anderen nicht gefällt, dann ist dies deren Sache. Es gibt keinen Grund sich zu entschuldigen oder gar zu rechtfertigen.

Bei einer Auslastung von über 90 % kann man es sich auch leisten auf einen einzelnen Gast zu verzichten!

Übrigens, dieser Hotelier hatte für mich immer ein Zimmer, auch wenn ich spät abends unangemeldet anreiste. Im Notfall erhielt ich das Gästezimmer in seinem privaten Wohnhaus. Dieser Hotelier wurde später der Schwiegervater einer bekannten deutschen Schlagersängerin.

Meine Erkenntnisse

Was denken Kunden?

Alexa ist eine sehr sympathische Portugiesin. Ihr Mann hat sich in der Baubranche selbständig gemacht und gemeinsam haben sie ein Einfamilienhaus gebaut, und zwei schulpflichtige Kinder stellen Ansprüche. Kein Wunder, dass das Geld an allen Ecken und Enden fehlte.

Alexandra entschloss sich, nebenbei Luft- und Raumreinigungsgeräte zu verkaufen. Dazu besuchte sie ihre Landsleute und fuhr bis zu 100 km um das Gerät vorzuführen und zu verkaufen. Die Erfolge stellten sich bald ein und sie erzielte ein hohes Einkommen, das es ihnen ermöglichte die finanziellen Aufgaben und Verpflichtungen zu meistern.

Im Laufe der Zeit hatte sie alle ihre portugiesischen Landsleute besucht. Immer weniger Vorführtermine bedeuteten auch immer weniger Verkäufe.

Sie lehnte den Besuch deutscher Kunden ab, da sie sie vermutete wegen ihrer Sprachprobleme nicht akzeptiert zu werden. Sie überlegte sich stattdessen ein neues Produkt zu verkaufen. Dann könnte sie einfach alle portugiesischen Kunden erneut aufsuchen. Sie wollte es mit einer Alarmanlage probieren. Doch gleich die ersten Versuche scheiterten kläglich, wie ihre Landsleute sagten:

„Jetzt kommst Du wieder mit etwas Neuem, was willst Du uns beim nächsten Mal andrehen?“

Alexandra erkannte, dass sich ihre Landsleute ausgenutzt fühlten und sie sah von weiteren Versuchen ab.

Während eines Verkaufstrainings schilderte Alexandra mir ihr Problem und erbat hilfreiche Tipps und Ratschläge.

Ich riet ihr, ausschließlich deutsche Kunden aufzusuchen und ihr Verkaufsgespräch folgendermaßen zu beginnen:

„Guten Tag, ich bin Alexa V., ich bin Portugiesin und mein Deutsch ist noch nicht gut, wenn Sie das stört, dann sagen Sie es mir bitte, dann können wir das Gespräch gerne beenden.“

Wie sie mir später erzählte, haben alle Kunden versichert, dass sie das überhaupt nicht stört. Im Gegenteil, viele erzählten, dass sie Urlaub in Portugal verbracht haben und schilderten ihre Erfahrungen und Erlebnisse. Sofort sei eine harmonische, emotionale Stimmung eingetreten.

Übrigens: Alexa wurde eine der erfolgreichsten Verkäuferinnen, gewann Preise, Auszeichnungen und exklusive Reisen!

Ein junger Berliner Verkäufer berlinerte perfekt und wenn man mit ihm telefonierte stellte man sich einen typischen, etwas schnodderigen Berliner Jungen vor. Seine Terminquote war außergewöhnlich hoch. Leider war die Abschlussquote ernüchternd. Das lag daran, dass er bei der Begrüßung sofort abgelehnt wurde, er war ein Schwarzer.

Nach meinem Training hat er eine Kleinigkeit geändert. Er sagte am Telefon: Ich freue mich auf unser Gespräch und damit Sie sich schon mal ein Bild von mir machen können, ich bin ein dunkelhäutiger Berliner.

Bei der Begrüßung sagten einige der Kunden, dass es gut war, dass er diesen Hinweis gegeben hat.

Seine Abschlussquote stieg deutlich an.

Wer darüber nachdenkt, welche Gedanken und Vorurteile möglicherweise den Gesprächspartner beschäftigen mögen und damit offensiv umgeht, wird beim Thema …? das i-Tüpfelchen finden können.

Meine Erkenntnisse

Vertrauen zerstört

Wochenlang haben ein Generalvertreter der Allianz und ich mit dem Vorstand einer Maschinenfabrik verhandelt. Endlich war es soweit; der Vertrag zur betrieblichen Altersversorgung für die gesamte Belegschaft war unterschriftsreif.

Wir wurden sehr freundlich empfangen. Nachdem wir die einzelnen Punkte besprochen, und alle Für und Wider geklärt hatten, war die Unterschrift eine reine Formsache.

Auf dem Weg zum Auto klopfte mir der Generalvertreter auf die Schulter, so als wolle er sagen „hast du gut gemacht".

Wir fuhren bis zur Schranke, da kam der Portier zu uns und sagte: „Der Chef hat gerade angerufen und er bittet Sie, nochmals zu ihm zu kommen."

Das ist ungewöhnlich, dachte ich, denn wir hatten alles eingehend besprochen. Es waren keine Fragen unbeantwortet geblieben. Plötzlich fühlte ich mich nicht mehr gut!

Der Unternehmer bat uns ihm den soeben unterzeichneten Vertrag noch einmal zu zeigen.

Vor unseren Augen zerriss er den Antrag und sagte zu dem Generalvertreter:
„Was ich eben gesehen habe, wie Sie Herrn Schittly auf die Schulter geklopft haben, hat mein Vertrauen zu Ihnen erschüttert. Die Angelegenheit betrachte ich hiermit als erledigt."

Alle Argumente:

Jeder Unternehmer freut sich, wenn wochenlange Verhandlungen ihren Abschluss gefunden haben …

Mein Kollege bedankte sich für die fachliche Unterstützung … usw. ließen den Unternehmer unbeeindruckt.

Die Unterschrift unter einen Vertrag vermittelt dem Kunden das Gefühl: Jetzt hat es der Verkäufer geschafft, er hat gewonnen. Wenn einer gewinnt, dann muss der andere verloren haben. Die Angst zu verlieren ist die Hauptursache, warum viele Kunden wichtige Entscheidungen immer wieder auf die lange Bank schieben oder die Unterschrift erst gar nicht treffen.

Mein hochgeschätzter Kollege Karsten Brocke schrieb ein Buch mit dem Titel: Wenn du siegen willst, lass andere gewinnen! (ISBN Nr. 978-3-9810088-9-0, BR Verlag)

Der Titel drückt aus, worum es beim Verkauf geht: Kunden müssen das Gefühl haben zum Gewinner zu werden, wenn sie kaufen. Dann stört es sie auch nicht, dass Verkäufer dadurch verdienen – im Gegenteil der Kunde gönnt dem Verkäufer seinen Anteil an seinem Gewinn!

Die Erfahrung, die ich mit dem Unternehmer machen musste, war mir eine Lehre, die mein Verhalten gegenüber allen Gesprächspartnern nachhaltig geprägt hat: Wer denkt, wie der Kunde denkt, denkt richtig! Nicht was ich will und anstrebe, interessiert die Kunden. Einzig die Wünsche des Kunden zu erfüllen vermittelt gute Gefühle. Die Werbung hat dies schon immer verstanden und vermittelt uns das Gefühl, dass wir gewinnen, wenn wir die angebotenen Produkte kaufen.

Meine Erkenntnisse

....

....

....

....

....

....

....

....

....

....

Fundbüro

Der Leiter des Berufsbildungswerkes (BWV) in Augsburg fragte mich, ob ich einer Gruppe junger Auszubildender zum Versicherungskaufmann/-frau, etwas über Verkaufen erzählen könnte. Sehr gerne willigte ich ein und ich freute mich auf eine spannende Veranstaltung.

Als ich den Raum betrat, erwartete mich eine Gruppe von 36 kritischen Jugendlichen. Die Körpersprache dieser jungen Leute schien mir zu sagen: Was der uns sagen will, interessiert uns nicht! Einige saßen nicht auf ihrem Stuhl; vielmehr lagen sie mit ausgestreckten Beinen und verschränkten Armen darauf.

Ich dachte mir: Vorsicht!

So begann ich mit einer wahren Geschichte, die sich kurz zuvor tatsächlich ereignet hatte:

Ein 42-jähriger Familienvater hob 13.000,– € von seinem Bankkonto ab und fuhr mit dem Vorortzug nach Regensburg. Dort hatte er sich mit einem Autoverkäufer verabredet, um einen Gebrauchtwagen zu kaufen. Bei der Ankunft im Autohaus, stellte er mit Entsetzen fest, dass er das ganze Geld verloren hatte. Er fuhr wieder nach Hause und beichtete seiner Frau sein Unglück. Ich fragte dann die jungen Leute ob sie sich die Gefühle und Stimmung vorstellen können.

13.000,– € versteuertes Einkommen war plötzlich weg!

Alle angehenden Versicherungskaufleute bestätigten, wie schlimm so etwas ist. Die Ehefrau riet ihrem Mann sich an das Fundbüro der Deutschen Bahn zu wenden. Vielleicht hat es ein ehrlicher Finder abgegeben. Das konnte der Ehemann sich zwar nicht vorstellen, doch war es seine einzige Chance und so begab er sich dorthin. Siehe da, ein 26-jähriger junger Mann hat das Portemonnaie mit allen Papieren und dem ganzen Geld dort abgegeben; es fehlte kein Cent.

Nun fragte ich die Jugendlichen: Was glauben Sie, welches Gefühl dies bei dem Familienvater ausgelöst hat?

Alle konnten sich sehr gut vorstellen, wie gut sich der Familienvater jetzt gefühlt hat.

Daraufhin sagte ich:

„Das wird Ihr zukünftiger Beruf sein: Wenn Menschen Geld verlieren, sei es durch Krankheit, Unfall, durch Feuer oder durch Einbruch-Diebstahl oder auch durch Haftpflichtansprüche Dritter, durch Ihre Beratungsqualität und Beratungsintensität bekommen die Menschen das Geld wieder zurück. Das ist doch ein toller Beruf! Was meinen Sie?"

Alle stimmten begeistert zu und ich habe selten ein Publikum erlebt, das mit so viel Engagement und Begeisterung meinen weiteren Ausführungen gefolgt ist. Mit Ovationen wurde ich später verabschiedet.

Die Erkenntnis:
Nur wer begeistert ist, kann andere begeistern.

Wenn ich in einem Restaurant sehr gut gespeist habe und der Ober fragt „Sind Sie zufrieden?" Dann pflege ich wahrheitsgemäß zu antworten: „Nein."

Wenn der Ober dann ganz erschrocken fragt „Was war denn nicht gut"?, dann antworte ich: „Es war ausgezeichnet, ich bin mehr als nur zufrieden"!

DB FUNDBÜRO

Meine Erkenntnisse

Vertrauen

Ein Kunde, nennen wir ihn einmal Klaus Kluge, sitzt vor Ihnen. Das Verkaufsgespräch lief erfolgreich und alle Signale zu einer positiven Entscheidung stehen auf GRÜN. Doch Herr kluge sagt:

„Auf alle Fälle möchte ich noch eine Nacht darüber schlafen!"

Ihnen schießen alle möglichen Gedanken durch den Kopf. Ein NEIN ist für Sie in diesem Moment nicht akzeptabel. Sie wissen sofort, dass die Ursachen für dieses Verhalten vielfältig sein können. Vielleicht fehlt es an Vertrauen? Sie denken kurz nach und entscheiden sich für die Vertrauensvariante:

Ich vertraue Ihnen, Herr Kluge, dass Sie mich Ihre Entscheidung zeitnah wissen lassen!

Diese Vorgehensweise stimmt den Kunden positiv. Wenn mir jemand, dann bin ich bereit ihm ebenfalls zu vertrauen.

Vieles im Leben ginge leichter, wenn sich Menschen mehr vertrauen würden. In der Familie, in der Politik und im Geschäftsleben. Wenn es gelingt das Vertrauen des Kunden zu gewinnen, sind Vertrag aufsetzen, Unterschrift einholen, Empfehlungen zu generieren nur noch Formsache.

Wie entsteht Vertrauen? Dazu eine kleine Geschichte aus „Der kleine Prinz" von Antoine de Saint-Exupéry:

… in diesem Augenblick erschien der Fuchs. „Guten Tag" sagte der Fuchs.

„Guten Tag" antwortete höflich der kleine Prinz, der sich umdrehte aber nichts sah. „Ich bin da", sagte die Stimme „unter dem Apfelbaum".

„Wer bist du“ sagte der kleine Prinz. „Du bist sehr hübsch“ „Ich bin ein Fuchs“, sagte der Fuchs. „Komm und spiel mit mir“, schlug ihm der kleine Prinz vor. „Ich bin so traurig“.

„Ich kann nicht mit dir spielen“, sagte der Fuchs. „Ich bin noch nicht gezähmt“.

„Was bedeutet zähmen?“ „Zähmen, das ist eine in Vergessenheit geratene Sache“, sagte der Fuchs.

„Es bedeutet, sich vertraut machen“. „Vertraut machen?“

„Gewiss“ sagte der Fuchs. „Noch bist du für mich nichts als ein kleiner Junge, der hunderttausend kleinen Jungen völlig gleicht. Ich brauche dich nicht und du brauchst mich ebenso wenig. Ich bin für dich nur ein Fuchs, der hunderttausend Füchsen gleicht. Aber wenn du mich zähmst, werden wir einander brauchen. Du wirst für mich einzig sein in der Welt. Ich werde für dich einzig sein in der Welt.“

„Ich beginne zu verstehen“, sagte der kleine Prinz.

„Es gibt eine Blume … ich glaube sie hat mich gezähmt.“

Einander zu brauchen bedeutet nicht in Abhängigkeit zu geraten. So wie für Sie Ihre Kunden unentbehrlich sind, müssen Sie für Ihre Kunden gleichfalls unentbehrlich sein. Was macht Sie einzigartig für Ihre Kunden? Wodurch heben Sie sich von Ihren Mitbewerbern ab. Warum haben fremde Verkäufer, Internet, InsurTechs, Knips und Apps bei Ihren Kunden keine Chance?

In einem Gespräch mit einem Verkäufer zum Thema Vertrauen, sagte er zu mir:

„Meine Kunden wissen, was sie an mir haben.“

„Sie wissen das, aber wissen das Ihre Kunden auch?“, antwortete ich ihm.

Beim Vertrauen im Geschäftsleben, schwingt immer die Erwartung und Hoffnung mit, dass Sie/der Geschäftspartner, das Kundenproblem besser lösen als er selbst.

Vertrauen entsteht in ganz besonderen Momenten. Diese Momente herbeizuführen ist die große Herausforderung, der wir uns in unserem Privat- und Geschäftsleben ständig stellen müssen.

Meine Erkenntnisse

Exzellenz

Es war in einem kleinen Ort in Ostwestfalen namens Melle. Wir verbrachten mit einigen Geschäftspartnern einen Abend in einem ausgezeichneten Restaurant. Wir fanden in einer ruhigen Ecke einen Platz, um über neu Vertriebsstrategien beim Immobilienverkauf zu sprechen. Das Restaurant verfügte über eine erstklassige Küche.

Aber der Ober! Seine Körpersprache verriet, dass er die innere Kündigung schon ausgesprochen hatte, er war unfreundlich, langsam, vergaß Bestellungen, so dass wir ihn immer wieder daran erinnern mussten. Wir spürten regelrecht, dass unsere Anwesenheit seinem Glück im Weg stand. Natürlich redeten wir darüber, dass dem Restaurant-Chef so etwas doch auffallen müsste und er seinen Ober besser ausbilden sollte. Gerade in einem First-Class-Restaurant haben die Gäste auch eine gewisse Erwartung an das Personal.

Der Ober näherte sich ein weiteres mal unserem Tisch und einer unserer Gesprächspartner, Joseph Geyer, Vorstand eines Immobilienkonzerns, konfrontierte den Ober:

„Sie, Herr Ober, wenn ich Kellner wäre, dann wäre ich ein guter Kellner!“

Der Ober errötete und war sichtlich verlegen. Offensichtlich war ihm die Wirkung seines Auftretens den Gästen gegenüber bisher noch gar nicht bewusst geworden.

Der Unternehmer sprach weiter zu uns: „So bin ich halt, wenn ich etwas mache, dann gebe ich immer alles. Wenn ich Putzmann wäre, dann wäre ich der beste Putzmann in der ganzen Gegend, die Gebäude und die Räume für die ich zuständig wäre, wären die saubersten von allen.“ Er fuhr dann noch fort: „Ich wäre der beste Buchhalter, der beste Altenpfleger und der beste Schreiner …"

Der Ober erschien wieder und siehe da, wie durch ein Wunder schien er wie ausgewechselt. Wann immer er sich unserem Tisch näherte, fragte er nach unserer Zufriedenheit und weiteren Wünschen.

Erst die Erfahrung, wie andere sein Verhalten wahrnehmen, hat ihn zu der Veränderung seines Verhaltens veranlasst. Wir sparten auch nicht mit Lob und Trinkgeld, als wir uns aus dem Lokal verabschiedeten.

Dieses Erlebnis hat mich elektrisiert! Ich beobachtete von jetzt an besonders aufmerksam, mit welchem Engagement mich Verkäuferinnen und Verkäufer bedienten. Meine Erfahrungen sind erschreckend. Die meisten haben Sodbrennen im Gesicht, während sie ihren Dienst verrichten; sie sind gelangweilt, genervt, lustlos. Ca. 250 Milliarden EUROS gehen der Wirtschaft verloren, weil die Beteiligten nur mit halber Kraft arbeiten. Nach einer Studie von Christina Fritz vom Dr. Weick Executive Search, verrichten 70% der Deutschen Dienst nach Vorschrift nur 12% der Arbeitnehmer sind hoch motiviert.

Wer mit ganzem Herzen arbeitet, nach größtmöglicher Exzellenz strebt, muss sich nicht mehr anstrengen als sonst. Er erzielt jedoch innere Ausgeglichenheit, Spaß und Freude an der Arbeit.

Der erfolgreiche Verkäufer motiviert sich täglich: ich will der beste Verkäufer in der gesamten Region sein. Er programmiert sich auf Erfolg. Mein Kunde soll entscheiden ob ich der beste Verkäufer bin.

Schließlich sind Kunden nicht Das Mittel. Punkt, sondern immer Der Mittelpunkt unseres Denkens und Handelns.

Meine Erkenntnisse

Jahresauftakttagung

Es war ein jährlich wiederkehrendes Ritual, dass Firmen ihre Vertriebsmannschaft zur Jahresauftaktveranstaltung zusammen riefen. Es wurde resümiert, was im abgelaufenen Jahr erfolgreich war und welche Ziele versäumt wurden. Man ehrte die besten Verkäufer mit Urkunden und Preisen. Dann wurden die Ziele für das neue Jahr ausgegeben und auch neue Produkte vorgestellt. Man versicherte sich gegenseitig, dass es das beste Jahr aller Zeiten werden würde! Zur Sicherheit holte man sich einen Motivations- oder Verkaufstrainer, der nun die entsprechenden Impulse geben sollte, deshalb nannte man diesen Impulsvortrag.

Bei einer solchen Veranstaltung eines großen Versicherungskonzerns sollte ich einen Impulsvortrag halten, die Zuhörer animieren, begeistern und wertvolle Tipps für ihre tägliche Praxis liefern. Der Schwerpunkt sollte auf den Verkauf von Unfallversicherungen gelegt werden.

Eine Reifenpanne unterbrach jäh meine Autofahrt zum Veranstaltungsort. Mit meinen zwei linken Händen wechselte ich das defekte Rad gegen ein sogenanntes Behelfsrad aus. Die Zeit, die ich dafür benötigte reicht aus einen ganzen Motor zu wechseln, wenn man etwas davon versteht. Nachdem ich alle Habseligkeiten wieder verstaut hatte trat ich meine Weiterreise an.

Unterwegs schoss es mir durch den Kopf: Was mache ich, wenn jetzt noch ein Reifendefekt eintritt? Vielleicht lagen Nägel auf der Fahrbahn und die anderen Reifen verlieren nun nach und nach die Luft … Nicht auszudenken, wenn ich zu spät kommen würde …

Ich versuchte mich auf meinen Vortrag zu konzentrieren und ging in Gedanken alle Highlights noch einmal durch. Doch es wollte mir nicht gelingen, zu sehr dominierte meine Angst vor einer weiteren Panne. Da kam es mir in den Sinn, dass meine gerade durchlebte Situation eigentlich vergleichbar ist, mit jemandem, der keine Unfallversicherung hat. Es ist genau das gleiche Gefühl.

Im Verlaufe meines Vortrages schilderte ich mein Missgeschick mit der Reifenpanne bei der Anreise. Die Analogie, nicht versichert zu sein, sei vergleichbar mit der Situation ohne Ersatzreifen mit dem Auto unterwegs zu sein, baute ich in meinen Vortrag mit ein. Die Zuhörer forderte ich auf, dieses Beispiel auch in ihr Verkaufsgespräch einzubauen.

Schon wenige Tage nach meinem Vortrag erreichte mich die Nachricht der Geschäftsleitung meines Auftraggebers, dass die Umsätze in Unfallversicherung signifikant gestiegen seien. Offensichtlich hat das Beispiel bei den Kunden ein Gefühl des Unbehagens ausgelöst. Wer tritt schon mit einem guten Gefühl eine längere Reise an ohne Ersatzreifen im Kofferraum zu haben?

Wenn jemand glaubt einen Ersatzreifen im Kofferraum zu haben, dann ist sein Fahrverhalten anders als wenn er wüsste dass kein Ersatzreifen vorhanden ist. Das Entsetzen und böse Erwachen kommt dann nach einer Reifenpanne.

Wenn jemand glaubt keine Unfallversicherung zu benötigen, dann kommt das böse Erwachen … Kapiert?

Dieses Beispiel zeigt mal wieder, dass Kundenkompetenz und Emotionen die Kaufprozesse stärker beeinflussen als fachliche Kompetenz.

Meine Erkenntnisse

III

Sales Stories aus der Assekuranz und anderen Bereichen
Eigene Erlebnisse und Erfahrungen

O&K

Die Japaner machen es schon geschickt. Die Firma O&K (Orenstein und Koppel) produziert u. a. Schaufelbagger. Eine Reihe von Ersatzteilen, die verschiedenen Schaufeln und Schaber können die Nutzer der Bagger direkt nachbestellen. Diese Teile sind relativ teuer und die Teile anderer Hersteller sind nicht kompatibel. Die Haltbarkeit dieser Teile ist begrenzt, da sie einer starken Belastung ausgesetzt sind.

Das hat die Japaner auf den Plan gerufen. Sie bieten die Ersatzteile zu Dumpingpreisen auf dem Markt an und greifen so einen beträchtlichen Umsatz ab, der dadurch der Fa. O&K entgeht.

Mit unserem Training der Key Accounter sollte nun vorgebeugt werden. Wir gingen folgendermaßen vor: Wir legten uns Listen an mit Adressen von Baufirmen die einen solchen Bagger in Betrieb haben. Dann riefen wir diese der Reihe nach an:

„Guten Tag ….

Wir möchten unsere Lagerhaltung aktualisieren, damit Sie im Bedarfsfalle sofort das erforderliche Ersatzteil zur Verfügung haben … deshalb mein Anruf. Sie haben den O & K – Bagger Nr. 123 seit …. …. …. im Einsatz. Bis wann denken Sie, dass die Schaufel gewechselt werden muss?“

Ein Bauunternehmer, den ich anrief, sagte: „Gut dass Sie anrufen, wir brauchen dringend eine neue Schaufel, meine Arbeiter haben die Zacken mit der Flex abgeschnitten, weil sie zu faul waren Schaufeln in die Hand zu nehmen um die Straße zu reinigen.“

Das war keine typische Reaktion, dennoch hat sie mich damals überrascht. Das war Zufall sagen viele. In Wirklichkeit war ich es, der diesen Zufall durch das Telefonat herbeigeführt hat. Die Investition in das Verkaufstraining hat sich für o & K gelohnt, denn die Umsätze sind nachhaltig gestiegen.

Eine kleine Brauerei in Niederbayern beschäftigte 86 Fahrer, die das Bier an private Haushalte lieferte. Das Sortiment sollte erweitert werden und die „Bierkutscher“ wurden angehalten, die Hausfrauen zu bitten auch Wasser und Limonaden bei ihm zu bestellen.

Der Erfolg war bescheiden. Ein Training sollte Besserung bringen. Ich fragte die Seminarteilnehmer, wie sie denn die Kundinnen ansprechen.

Ich frage die Hausfrauen, ob sie nicht bei mir auch das Wasser und andere alkoholfreie Getränke bestellen wollen. „Ich gebe einen Prospekt ab“, sagten andere.

Die Folge des Trainings war, dass die Teilnehmer ihre Fragen änderten:

„Wer schleppt die anderen Getränke wie Wasser und Erfrischungsgetränke zu Ihnen nach Hause?“ „Das mache ich“, war häufig die Reaktion der Kundinnen. „Was halten Sie davon, dass wir das künftig für Sie erledigen?“

„Ich lasse mal eine Flasche zu testen hier.“

Siehe da, die Umsätze an alkoholfreien Getränken steigen kontinuierlich. Verkaufen kann so einfach sein. Man muss es nur tun!

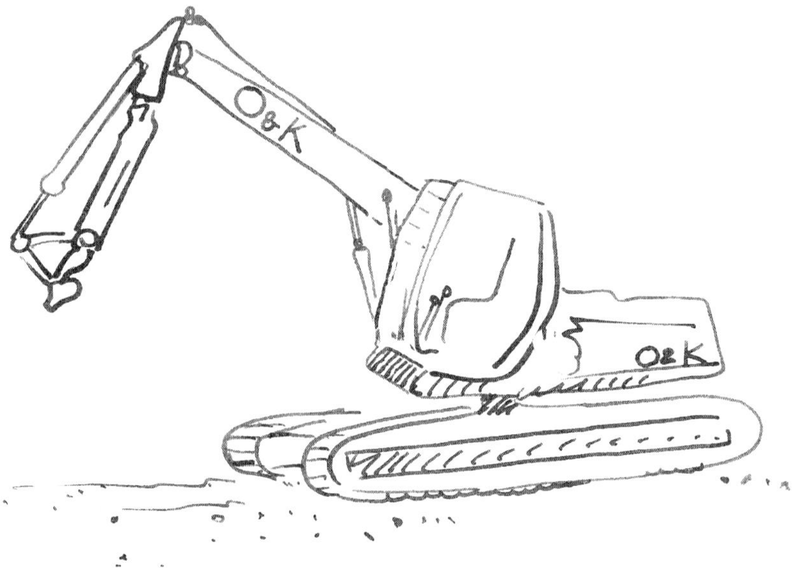

Meine Erkenntnisse

Entscheide über deine Zukunft

Was soll aus dir mal werden, war eine gängige Formulierung der Eltern, wenn der Sprössling mal wieder etwas angestellt hatte, schlechte Noten nach Hause brachte oder eine bestimmte ihm übertragene Aufgabe nicht erledigte.

Auch mein Sohn hatte mich einst schockiert, als er mit Irokesenfrisur nach Hause kam und seinen schwarzen Trenchcoat über und über mit Parolen besprüht hatte: „Scheiß-Imperialisten“. „Deine Lehrer werden dir dafür ein bis zwei Noten abziehen“, war mein Kommentar. Weit gefehlt, mein Sohn absolvierte sein Abitur als bester Schüler aller Gymnasien und erhielt den Scheffelpreis und später absolvierte er sein Studium mit summa cum laude!

Jeder ist seines Glückes Schmied, steht in der Bibel! Ein Beispiel soll dies anschaulich belegen:

Ob diese Geschichte stimmt, weiß ich nicht, die Erkenntnis daraus stimmt auf alle Fälle.

Ein Mörder saß in einer Todeszelle in USA. Ein Journalist, der davon erfuhr, witterte eine Story. Er nahm Kontakt zu dem Todeskandidaten auf und fragte ihn:

„Wie bist du in diese Situation gekommen?“

Die Antwort des Kandidaten: „Ich stamme aus einer armen Familie aus der Bronx, meine Eltern waren beide Alkoholiker, wir hatten nichts zu essen, und mein Vater prügelte mich und meinen Zwillingsbruder beinahe täglich. Ich hatte doch gar keine Chance, ich musste doch kriminell werden.“

„Du hast einen Bruder?“ Fragte der Journalist.

„Ja, aber den habe ich schon sehr früh aus den Augen verloren“, antwortete der Kandidat.

Der Journalist fahndete nach dem Zwillingsbruder und tatsächlich fand er ihn nach langem Suchen. Es war ein angesehener und erfolgreicher Rechtsanwalt. Der Journalist suchte diesen Rechtsanwalt auf und stellte ihm die gleiche Frage:

„Wie sind Sie in diese Situation gekommen?"

Die Antwort verblüffte ihn:

„Ich komme aus armseligen Verhältnissen, meine Eltern hatten nie Geld, beide waren Alkoholiker und mein Vater hat mich und meinen Zwillingsbruder beinahe täglich verprügelt. Ich musste doch aus dieser Situation herauskommen."

Statt sich seinem Schicksal zu ergeben, hat dieser Zwillingsbruder nach Wegen gesucht, ein anderes Leben führen zu können und er hat es gefunden!

Wie häufig höre ich Argumente wie:

„Ich habe diese Ausbildung nicht!"
„Das glaube ich nicht!"
„Das kann ich nicht!"
„Der oder die kommt aus ganz anderen Verhältnissen, bei solchen Eltern ist das natürlich einfach!"

Die Geschichte zeigt immer wieder, dass die Erfolgreichsten meist aus sogenannten „kleinen Verhältnissen" stammen. Die Frage ist, womit haben sie sich beschäftigt? Mit ihrer Herkunft oder mit ihrer Zukunft?

Jammern ist keine Alternative, das ist meine Erkenntnis aus dieser Story.

Meine Erkenntnisse

Es liegt in deiner Hand

Irgendwann habe ich mal eine Geschichte aufgeschnappt, die mich sehr beeindruckte: In Indien lebte ein sehr kluger Gelehrter und die Leute sagten von ihm, dass er alles weiß. Ein kleiner Junge wollte ihn auf die Probe stellen und ging zu ihm. In seiner Hand hinter seinem Rücken hielt er ein kleines Vögelchen.

Er fragte den Weisen: „Sage mir, lebt das Vögelchen in meiner Hand oder ist es tot?"

Wenn der Weise gesagt hätte, dass es lebt, dann wollte er es zerdrücken.

Doch der Weise antwortete: „Mein Sohn, das Leben dieses Vögelchens liegt in Deiner Hand."

Niemand bleibt vor Niederlagen, Unglück oder Pech verschont. Die Frage ist doch, wie gehen wir mit einer Niederlage um? Wer hat Schuld, dass es so gekommen ist und wen kann ich dafür verantwortlich machen? Die Versuchung ist groß, sich allein mit der Vergangenheit und das was passierte zu beschäftigen, statt seine Kraft ganz dem Zukünftigen zu widmen: Was ist jetzt zu tun? Was kann ich konkret in dieser Situation tun? Wer kann mich dabei unterstützen?

Die Geschichte hat mich persönlich sehr geprägt. Da erinnere ich mich an eine Situation, die zu meistern alles von mir abverlangte:

Es war im Hotel Maritim in Timmendorf. Zu einer Jahresauftakttagung wurde ich von der Landesdirektion der Central Krankenversicherung beauftragt einen Impulsvortrag zu halten. Damals war es noch Usus mit vorbereiteten Klarsichtfolien zu arbeiten, die Bilder und Charts wurden über den Overheadprojektor an die Wand geworfen. Zum Start sollte ein Indoorfeuerwerk die Teilnehmer fesseln und begeistern, unmittelbar danach sollte ich mit meinem Vortrag beginnen. Auf dem Tisch auf der Bühne legte ich die einzelnen Folien so aus, dass ich sie mühelos nach einander auflegen konnte.

Das Feuerwerk begeisterte die Teilnehmer und sie bedankten sich mit lang anhaltendem Beifall. Dann kam ich auf die Bühne. Ich erschrak zu Tode: Die herabfallenden, glühenden Teile des Feuerwerks haben meine Folien unbrauchbar gemacht. Alle wiesen hässliche Brandflecken auf und die einzelnen Bilder waren unkenntlich. Spontan ging mir durch den Kopf: Wer kann mir jetzt helfen. Es fiel mir niemand ein. Also hielt ich meinen Vortrag und ich bemühte mich mir nichts anmerken zu lassen. Ich konzentrierte mich auf die Bilder und versuchte sie durch Sprachbilder zu ersetzen.

Ich stand auf der Bühne und die Lichtkanonen waren auf mich gerichtet, damit die Kameras den Referenten auf die Projektionswände übertragen konnten. Ich war so geblendet, dass ich nur die Schuhe der Zuhörer in der ersten Reihe sah. Jegliches Feedback blieb aus, denn die Reaktionen der Teilnehmer waren nur durch gelegentliche Beifallsbekundungen zu erahnen. Ich fühlte mich gar nicht gut. Nur schnell weg, dachte ich, die werden mich sowieso nie mehr beauftragen. Wie groß war meine Überraschung als am Ende meines Vortrages wahre Begeisterungstürme auf mich herein prasselten.

Im darauffolgenden Jahr wurde ich für eine weitere Veranstaltung verpflichtet, dieses Mal auf einem Schiff, das die Elbe rauf und runter schipperte.

Meine Erkenntnis aus dieser Erfahrung: Je schwieriger die Situation, in die Sie geraten können, umso größer werden Ihre Anstrengungen sein, die Sie unternehmen, um eine Lösung herbei zu führen. Allerdings müssten Sie an einer Lösung interessiert sein und sie unbedingt wollen. Aufgeben und Resignation sind keine guten Ratgeber.

Meine Erkenntnisse

Wer Wahlen gewinnen will muss sich engagieren

In meinem Wohnort war ich bekannt. Ich hatte etliche Vorträge beim Gewerbeverband gehalten und auch sonst auf mich aufmerksam gemacht.

Eines Tages bat mich ein Mitglied des Gemeinderates, die CSU-Gemeinderäte auf die nächste Wahl vorzubereiten und zu trainieren. Auch mein Hinweis, dass ich politisch nicht aktiv bin und auch keine Ahnung von den Aufgabenstellungen habe, ließ ihn nicht von seinem Vorhaben abbringen, mich den Kandidaten für die Gemeinderatswahl zum Fraße vorzuwerfen.

Im Hotel Maximilians in Bad Griesbach sollte die Veranstaltung stattfinden. Rechtzeitig fand ich mich ein und ich wurde in der Bar versteckt, damit mich die Kandidaten nicht vorher schon sehen konnten, denn ich wurde als Überraschungsgast angekündigt.

30 Kandidaten waren anwesend, teilweise mit ihren Ehefrauen. Aufgrund der politischen Lage, konnte man davon ausgehen, dass maximal 15 Kandidaten den Einzug in den Gemeinderat schaffen konnten. Die Kandidaten mit den hinteren Listenplätzen hatten also nur geringe oder gar keine Aussichten auf einen Platz im Gemeinderat. Die Gefahr bestand darin, dass diese Kandidaten ihren Wahlkampf entsprechend lasch durchführen werden und sich nur mäßig engagieren. Ich war also gefordert.

Um 21:00 Uhr war es dann soweit. Ich wurde in den Raum mit den 30 Kandidaten geführt und erstaunte Gesichter blickten mir entgegen; den Überraschungsgast hatten sie sich anders vorgestellt. Was soll ein Verkaufstrainer ihnen schon vermitteln, schließlich haben sie nichts zu verkaufen?

Bei meinen Ausführungen konzentrierte ich mich auf Themen wie: die sich selbst erfüllende Prophezeiung, Metaebene und deren Wirkung auf Überzeugungsprozesse, Einstellungen und intrinsische Motivation. Meinen Vortrag beendete ich mit der Aussage: Wenn einer unter Ihnen sein sollte, der seiner Frau gesagt hat, dass er auf einem hinteren Listenplatz steht und er somit nicht in den Gemeinderat gewählt werden wird … dann soll er sofort nach Hause fahren, dann hat er bei dieser Klausur nichts zu suchen. Jeder einzelne muss sich so verhalten als hätte er große Chancen in den Gemeinderat gewählt zu werden.

Plötzlich begannen alle zu klatschen, zu lachen und auf die Schenkel zu klopfen

– in positivem Sinne tumultartige Szenen spielten sich ab. Ich war ratlos, weder hatte ich einen Witz erzählt, noch habe ich aus meiner Sicht irgendeinen Anlass zu diesen Gefühlsausbrüchen gegeben. Da ich ja nicht wusste, worauf die Reaktionen zurückzuführen waren, konnte ich auch nicht mit den Teilnehmern lachen. Nach einigen Minuten wurde ich artig mit viel Lob verabschiedet und erkannte, dass der jetzt aufbrausende Beifall mir galt.

Der Versammlungsleiter begleitete mich zum Ausgang und erzählte mir, was die Ursache für diese heitere Stimmung war: Der Ehemann einer Landes- und Bundespolitikerin war einer der Kandidaten und er hatte den Listenplatz 30. Er sei mit aller Überredungskunstbearbeitet worden, um sich als Kandidat zur Verfügung zu stellen. Auch versicherte ihm der Parteivorstand, der Name sammelt schon ein paar Stimmen für die Partei ein. Es gäbe also keinen Grund sich zu sorgen. Nach langen Gesprächen willigte er ein. Und nun das!

Jetzt wurde mir auch klar, warum bei dem Gelächter sich alle immer wieder genau an diesem Kandidaten gewandt haben!

Meine Erkenntnis: Es ist sinnlos nur seinen Namen zu geben, man muss sein Herz, seine Begeisterung und sein Engagement einbringen. Nur wer sich mit ganzem Herzen engagiert hat Erfolg!

Übrigens: Einige Tage später sah ich genau diesen Kandidaten, wie er vor dem Rathaus an einem Stand seiner Partei Passanten ansprach!

Meine Erkenntnisse

Neue Mandanten gewinnen

Die Ausbildung zum Wirtschaftsprüfer ist schwierig und dauert viele Jahre. Um eine Stelle bei Price Waterhouse Coopers zu ergattern, ist ein Einser-Studium und ein Auslandssemester – möglichst an der Harward University vorzuweisen. Genau solche Kandidaten wurden zu einem Verkaufstraining eingeladen und sie sollten lernen, wie man neue Mandanten gewinnt. Die Unternehmer sollten telefonisch zu einem Unternehmer-Frühstück eingeladen werden. Auf diesen Veranstaltungen in aufgelockerter Atmosphäre informierte PWC über die Tücken und Fallstricke des internationalen Steuerrechts und wie die besonderen Leistungen des Beratungsunternehmens diese vermeiden helfen.. Selten bin ich Menschen mit solchen Ängsten vor dem Medium Telefon begegnet. Alle sträubten sich mit Händen und Füßen dagegen wildfremde Unternehmer anzurufen. Intelligenz und Fachkompetenz sind bei der telefonischen Kontaktaufnahme wenig nützlich.

Nachdem ich die ersten Telefonate vorgemacht hatte, erkannten die Teilnehmer die Aussichtslosigkeit ihrer Verweigerungshaltung, denn jeder musste „ran“. Was vorher keiner für möglich hielt: Alle hatten schon bald genügend Teilnehmer für ihre Unternehmerfrühstücke gewonnen. Das Gespräch war ganz einfach, da immer zuerst die Sekretärin am Apparat war:

S: „Firma Pleite AG, ich bin Gaby Schubert.“

PWC: „Guten Tag, ich bin Peter Schlau von PWC Wirtschaftsberatung.

Frau Schubert, können Sie den Terminkalender Ihres Chefs einsehen?“ S: „Ja.“

PWC: „Steht am kommenden Donnerstag von 8:00 Uhr bis 10:00 Uhr schon etwas drin?“

S: „Ja“ oder „Nein.“

PWC: Bei Antwort nein: „Schade, ich habe eine Einladung für Herrn Dr. Kluge zu unserem Unternehmerfrühstück. Ich sorge dafür, dass er beim nächsten Mal berücksichtigt wird.“

PWC: Bei Antwort ja: „Na prima, dann lasse ich ihm eine Einladung zu unserem Unternehmerfrühstück zukommen, ich sende sie zu Ihren Händen, ist das o.k.? Tragen Sie am besten den Termin mit Bleistift schon mal ein …“

Für die Teilnehmer war es verblüffend zu erkennen, dass die Sekretärinnen in fast allen Fällen gar nicht nachgefragt haben, worum es geht. Voraussetzung war, die richtigen Fragen zu stellen: „Haben Sie Einblick in den Terminkalender Ihres Chefs? Und dass die Sekretärin beschäftigt ist: „Tragen Sie den Termin mit Bleistift schon mal ein.“

Das waren die Feedbacks der Teilnehmer:

„Das hätte ich nie für möglich gehalten, dass man an einem einzigen Tag so viel lernen kann und seine Angst vor Telefonaten ablegen kann.“

„Ich bin überglücklich, dass ich so viele Unternehmer einladen konnte.“

„Das ist alles so einfach, ich weiß gar nicht warum ich das nicht schon längst so gemacht habe.“

Mein Kommentar für die Teilnehmer war:

„Sie haben heute nichts von mir gelernt, denn telefonieren und sprechen konnten Sie schon vor diesem Training. Sie haben Ihren inneren Schweinehund besiegt, sich einen Ruck gegeben und einfach gemacht, was Sie vorher schon konnten, sich jedoch nicht zugetraut haben. Sie haben Ihre Kompetenzzone erweitert.“

Meine Erkenntnisse

Berliner sind anders

Praktische Verkaufserfahrung sammelte ich an verschiedenen Orten; im Schwarzwald, auf dem Lande und auch in Niederbayern, in Großstädten wie Frankfurt, Stuttgart, Düsseldorf, Hamburg.

Meine Erfahrung war, dass die Unterschiede im Verhalten der dort lebenden Menschen nur marginal waren. Der Rheinländer war offener, zugänglicher – allerdings war dies oft nur oberflächlich. Mit Schwaben oder Dittmarscher in Kontakt zu treten war mühevoll, doch wenn man es geschafft hatte, war der Kontakt von Dauer.

Menschen muss man eben individuell behandeln; man kann sie nicht verändern!

Verkaufen ist eine der wichtigsten Tätigkeiten überhaupt. Man stelle sich vor, Lebensmittel würden nur produziert und nicht verkauft, dann würden sie verderben. Das menschliche Grundbedürfnis sorgt schon dafür, dass dies nicht geschieht.

Wenn Autos nicht offensiv verkauft werden, dann lagern diese auf Halden und rosten dahin.

Wenn Versicherungen nicht verkauft werden, dann ruiniert dies die Wirtschaft, Haushalte und zerstört Existenzen.

Meine ersten Kundenkontakte in Berlin überraschten mich dann doch. Der Verkaufsleiter sagte mir, dass der Berliner eine eigene, extravertierte Persönlichkeit darstellt und meist untypisch reagiert, ich solle mich auf einiges gefasst machen. Das sagte er nicht ohne Stolz auf die Mentalität seiner Berliner Landsleute.

Ein zuvor erlebtes Ereignis hätte mich stutzig machen sollen. Ich kaufte in einem Supermarkt in Kreuzberg Obst ein. An der Kasse stand vor mir ein junger Mann, in einen Jeans-Anzug gehüllt, seine Haare hatten die gleiche Farbe wie der Jeans-Anzug. Ein weißer Streifen zog sich über die Haare, über den Rücken bis zum Gesäß. Er spürte, dass ich ihn beobachtete und er fragte mich unvermittelt:

„Is wat?“

„Sieht lustig aus,“ sagte ich.

Woraufhin er konterte: „Wenn icke mal so alt bin wie du, dann loofe ick so auch nich mehr rum!“

Ein Einzelfall, dachte ich, solche Typen gibt es schließlich überall auf der Welt.

Dann folgte mein erster Kundenkontakt in Berlin. Ich stellte mich vor, so wie ich es gelernt hatte und x-mal trainiert hatte:

„Guten Tag, ich bin Hans D. Schittly von der A …, Direktion Berlin …“

Jäh wurde ich unterbrochen:

„Da kann ich doch nichts dafür, warum erzählst du mir das?“

Mit einem Knall schloss sich die Türe vor meinen Augen. Ein Einzelfall, dachte ich. Solche Reaktionen kann man überall in Deutschland erleben.

Die nächste Türe:

Artig begrüßte ich den Kunden und sagte mein Sprüchlein auf:

„Guten Tag, ich bin Hans D. Schittly von der A … Direktion Berlin.“

Ich kam gar nicht dazu mein Anliegen vorzutragen, denn der freundliche Kunde verblüffte mich:

„Das ist aber schön, dann bestellen Sie denen einen schönen Gruß von mir!“

Auch diese Türe wurde ganz schnell zugemacht.

Die Berliner sind tatsächlich anders, dachte ich.

Übrigens, ähnliche Kundenreaktionen habe ich in Berlin nie mehr erlebt!

Meine Erkenntnisse

Verkaufen antik

Man kann es sich heutzutage, im Zeitalter der Digitalisierung und der Social Media, gar nicht mehr vorstellen, wie früher verkauft wurde und die dazu notwendigen Fähigkeiten dazu vermittelt wurden.

Meine erste Stunde bei einem solchen Training lief in etwas so ab:

Wir hatten einen Trainingsraum. In der Mitte des Raumes stand eine Tür, mit Stahlseiten an den vier Ecken befestigt. An dieser Türe wurde geübt, wie sich der Lernende in der Praxis zu verhalten hatte. Wenn der Kunde öffnete, trat er einen Schritt zurück, um zu signalisieren: „ich bin nicht aufdringlich!". Automatisch öffnete sich die Tür um mehr als einen Spalt. Nun ging er wieder um einen Schritt nach vorne, machte die Grußhand frei, indem er die Aktentasche von der rechten in die linke Hand wechselte. Nach Begrüßung und Vorstellung, bat er um Einlass. Mit der Formulierung „ich darf doch kurz eintreten" streifte er die Schuhe auf der Fußmatte ab und machte die Bewegung nach vorne.

Nicht zu glauben, aber das funktionierte!

Die Straßen wurden damals erst gebaut, wenn die Neubauten schon bewohnt waren. Mit entsprechend schmutzigen Schuhen traten wir an die Kunden heran. Manche Kollegen streiften die Schuhe vor der Türe ab, bevor sie klingelten und wenn der Kunde dann öffnete, dann sagten Sie: „ich möchte ihre Wohnung nicht beschmutzen, soll ich die Schuhe vor der Türe stehen lassen oder besser mit hineinnehmen?" Unglaublich, auch das hat dazu geführt, dass die Kunden zur Seite traten und den Weg in die Wohnung frei gaben. Oftmals wussten die Kunden nicht einmal, wer der Besucher ist.

Mein Ausbilder sagte uns etwas, was ich in meinem Leben nie vergessen habe:

„Wenn Du 100 mal klingelst, dann wird 60 mal die Türe geöffnet, bei 30 Personen kommst Du an den Tisch, 10 Kunden werden kaufen, für jeden Kauf erhältst du eine Provision in Höhe von 100,– DM, also bekommst du für jedes Klingeln 10,– DM. Je öfters du klingelst, umso mehr wirst du verdienen."

Damals wurde mir bewusst, dass die Anzahl der Gespräche den Erfolg bestimmt. Ablehnungen gehören einfach dazu.

In einem Telefontraining sagte ich zu meinen Trainingsteilnehmern:

„Malen Sie bitte auf einem Blatt Papier 10 Striche. Die werden wir jetzt systematisch abarbeiten. Wer zuerst die zehn Striche abgearbeitet hat, darf schon einmal nach Hause gehen! Was steht für jeden Strich??"

Die Teilnehmer sagten:

„Ein Anruf." Nein, sagte ich, „denn dann sind wir schnell fertig." Ein Teilnehmer sagte: „Ein Termin."

„Nein", sagte ich.

Immer dann, wenn Sie eine Ablehnung erhalten, dürfen Sie einen Strich abhaken und sobald Sie alle 10 Striche abgehakt haben, dürfen Sie nach Hause gehen.

Keiner schaffte es, alle Striche im Verlauf des Trainings abzuhaken.

Die Erkenntnis daraus: Das NEIN der Kunden gehört genauso zum Verkäuferleben, wie das JA. Die Erfahrung zeigt jedoch, dass Verkäufer unter allen Umständen das NEIN verhindern wollen und deshalb Druck auf den Gesprächspartner ausüben. Das NEIN wird als persönliche Niederlage empfunden, damit macht man seine Gefühle und seine persönliche Stimmung von den Reaktionen der Kunden abhängig.

Erfolgreiche Verkäufer handeln/agieren unabhängig von den Reaktionen der Kunden.

Meine Erkenntnisse

Dienst im Häusle

Einige Jahre lang war ich Vorstand eines kleinen Tennisclubs in der Pfalz. Immer wieder wurde ich gewählt, obgleich ich für die Clubarbeit bedingt durch meine Reisetätigkeit, nur wenig Zeit zur Verfügung stellen konnte. Es war eine einzige Bettelei: Wir entlasten dich mit der Arbeit, wir brauchen dich für die Reden und du kannst Konflikte am besten lösen, durch deine ausgleichende Art

...

So habe ich die Frage des Wahlleiters: Nehmen Sie die Wahl an? Immer mit Ja, ich nehme die Wahl an, beantwortet.

Wir besaßen ein kleines Clubhaus, das am Wochenende durch die Mitglieder abwechselnd bewirtschaftet wurde. Drei Mitglieder haben sich dagegen aufgelehnt, weil sie Tennis spielen wollten und nicht kochen, putzen und bedienen. Sie seien dazu lt. Vereinssatzung nicht verpflichtet, argumentierten sie. Auch der Anordnung 100,– € in die Vereinskasse zu zahlen, wenn sie keinen Dienst leisten, widersetzten sie sich mit gleicher Begründung.

Bei der nächsten Versammlung war ich gefordert!

Am Ende der Versammlung, unter dem Punkt „Allgemeines und Persönliches“ hielt ich meine „Rede“:

„Meine Damen und Herren, seit einigen Jahren bin ich Vorstand dieses Clubs. Sie alle kennen meine berufliche Belastung, dennoch übe ich dieses Amt mit großer Freude aus, denn wir haben ein gemütliches Clubhaus mit gepflegten sanitären Einrichtungen, wir haben eine Flutlichtanlage, die es erlaubt bis spät abends Tennis zu spielen, die Jugendlichen erhalten die Tenniskleidung kostenlos, und wir alle profitieren durch die niedrigsten Jahresbeiträge aller umliegenden Tennisclubs, für die Mannschaften und die Jugendlichen die Hallen kostenlos nutzen. Das alles haben Sie nicht Ihrer Vorstandschaft zu verdanken, sondern wir verdanken das alles Ihnen. Durch Ihr Engagement, durch Ihren Dienst einmal jährlich in unserem Häusle, generieren wir zusätzliche Einnahmen, aus denen wir das alles finanzieren können. Es ist mir deshalb ein Bedürfnis Ihnen allen ein herzliches Dankeschön zu zurufen. Allerding sehe ich auch über unseren Club düstere Wolken zusammenbrauen. Immerhin weigern sich drei Mitglieder, diesen Dienst zu verrichten. Wenn das Schule macht, dann werden es bald mehr werden und wir werden einige Annehmlichkeiten streichen und evtl. die Beiträge für alle Mitglieder erhöhen müssen. Deshalb bitte ich Sie folgenden Antrag der Vorstandschaft zuzustimmen: Jedem Mitglied verpflichtet sich einmal im Jahr Dienst im Häusle zu verrichten. Wer das nicht tut wird aus dem Club ausgeschlossen und verliert die Spielberechtigung auf der Anlage." (Die Mitglieder klatschten und klopften auf die Tische)

„Die Stimmung scheint eindeutig zu sein, wir kommen zur Abstimmung: Wer ist gegen diesen Antrag?" (drei Arme gingen langsam in die Höhe)

„Stimmenthaltung? Keine. Damit ist dieser Antrag bei drei Gegenstimmen angenommen." (Wieder Klatschen und Klopfen auf den Tischen) „Für dieses Votum möchte ich mich bei Ihnen ganz herzlich bedanken, denn Sie haben damit sichergestellt, dass unsere Clubatmosphäre weiterhin Bestand haben wird."

Einer der drei Ablehner meldet sich. Ich frage ihn: Möchten Sie zu dem soeben verabschiedeten Antrag noch etwas sagen? Er: Ja natürlich! Darauf ich: Das geht leider nicht. Über den Antrag wurde abgestimmt, das Ergebnis im Protokoll festgehalten, wir können darüber nicht mehr diskutieren. Im Übrigen steht Ihnen frei, bei der nächsten Versammlung einen eigenen, neuen Antrag einzubringen, über den wir dann diskutieren werden. (Lauter, langanhaltender Beifall folgte.)

Später sagte ein Mitglied zu mir: „Das hast du aber geschickt eingefädelt!" Worauf ich antwortete: „Das wollt ihr doch, deshalb wählt ihr mich doch!"

Egoisten sagen immer was sie wollen – Diplomaten erreichen es!

Meine Erkenntnisse

Vorurteile verurteilen

Es ist üblich, dass Agenturen durch Fachspezialisten der unterschiedlichen Gesellschaften „betreut" wurden. Auch zu meinem Vater kam einmal im Monat ein Oberinspektor der Berlinischen Lebensversicherung; immer an einem Mittwoch. Gemeinsam besuchten sie Firmen und vereinzelt auch Privatpersonen. Die Zusammenarbeit gestaltete sich äußerst positiv. Die fachliche Kompetenz einerseits und die freundliche und verbindliche Art andererseits hatten dazu geführt, dass sich unsere Kunden an diesen Fachspezialisten schnell gewöhnten. Manche fragten sogar: „Wann ist denn der Herr Schnellenberg mal wieder bei Ihnen, ich habe einige Dinge mit ihm zu besprechen?"

Die Geschäfte, v.a. die betriebliche Altersvorsorge, florierten prächtig. Eines Tages erreichte mein Vater die Hiobsbotschaft, dass Herr Schnellenberg befördert wurde und als Filialdirektor in Hannover eine größere Organisation zu leiten hatte. Als Nachfolger wurde ein Herr D. vorgestellt.

Dieser Herr D. war Berliner! Ein Berliner im Schwarzwald, das ging schon mal gar nicht! Dann hatte dieser Herr D. eine Kriegsverletzung im Gesicht. Die Augenstellung ließ immer rätseln, wohin er denn nun schaute. Zudem entstellten einige Narben sein Gesicht. Herr D. trug deshalb bei jeder Wetterlage immer eine dunkle Sonnenbrille, die er auch nicht abnahm, wenn er mit Kunden verhandelte. Das alles konnte nur schief gehen.

Mein Vater verweigerte die Zusammenarbeit nicht, doch hatte er nur ganz selten Zeit für Herrn D., wenn der sich anmeldete!

Doch bald erkannte auch mein Vater, dass Fachkompetenz unersetzlich ist und von Kunden geschätzt und belohnt wird und so verbesserte sich der Kontakt zu Herrn D. zunehmend. Auch die Kunden respektierten Herrn D. schon bald wegen seiner überragenden Kompetenz, keine Frage blieb in den Gesprächen unbeantwortet. Aus anfänglicher Ablehnung und Zurückhaltung wurde später eine vertrauensvolle Zusammenarbeit, ja sogar Freundschaft.

Vorurteile kann man immer wieder beobachten:

„Na, junger Mann, sind Sie denn imstande mich kompetent zu beraten?“ fragte ein älterer Herr einen jugendlichen Verkäufer. Mit dieser Frage meldete er seine Bedenken an und versuchte den jungen Mann in eine Verteidigungsrolle zu drängen, die dieser auch annahm: „Ich habe meine Ausbildung abgeschlossen und nehme an regelmäßigen Weiterbildungen teil!“ Das klingt wie eine Entschuldigung und lässt das Misstrauen anwachsen.

Auch Damen werden oft von Machos angegangen: „Können Sie mich denn beraten? Einen Fachmann hatte ich mir anders vorgestellt!“ Das Selbstwertgefühl leidet.

Meinen Seminarteilnehmern, die mich mit derartigen Situationen konfrontierten, riet ich zu folgender Vorgehensweise:

„Wollen Sie das wirklich wissen, ob ich über die fachliche Kompetenz verfüge um Sie qualifiziert zu beraten? Dann erhalten Sie jetzt die Gelegenheit sich Ihr eigenes Urteil zu bilden. Eine Bitte habe ich noch: Sagen Sie mir nach unserem Gespräch wie zufrieden Sie mit meiner Beratung waren?“

Die Reaktion des Kunden, der in den allermeisten Fällen einwilligt, lässt das Selbstwertgefühl anwachsen!

Vorurteile verurteilen Menschen, das zieht sich durch die gesamte Gesellschaft:
„Der mit seinen Tattoos – furchtbar …“
„Wie die aussieht mit ihren bunten Haaren …“
„Die haben einen Gartenzwerg im Garten stehen …“
„Die haben einen Schwarzen adoptiert …“

Solche Fälle sind Ihnen gewiss auch hinreichend bekannt. Die nächste Geschichte ist eher etwas zum Schmunzeln

Meine Erkenntnisse

Der Neue oder „Ich weiß, was du … willst!"

Verkäufer im Außendienst ist kein Lehrberuf. Es waren meist Seiteneinsteiger, die aus einem anderen Beruf den Weg in den Außendienst gefunden haben. Berufswechsler genossen früher kein hohes Ansehen und Verkäufer wurden immer argwöhnisch beäugt.

Kein Wunder, dass sich viele Vertriebsgesellschaften schwer taten, neue Mitarbeiter für ihre Verkaufsorganisation zu rekrutieren.

Überall konnte man die Stellenanzeigen mit verlockenden Versprechungen lesen.

Eines Tages meldete sich ein Bewerber telefonisch auf eine solche Ausschreibung bei einer Filialdirektion eines großen Versicherungsunternehmens und bat um einen Vorstellungstermin, den er unverzüglich erhielt.

Pünktlich zum vereinbarten Termin betrat der Bewerber das Büro des Filialdirektors. Dieser erschrak zutiefst: Vor ihm stand ein Tippelbruder: langer Bart, verwahrloste Erscheinung, in Lumpen gehüllt.

Nach einer knappen Begrüßung startete der Bewerber unverzüglich mit seiner Geschichte:

„Wenn ich an Ihrer Stelle wäre würde ich mich auch nicht einstellen. Ich denke ich kann Ihre Gedanken nachvollziehen.

Aber ich möchte Sie bitten sich zunächst einmal meine Geschichte anzuhören!"

Der Bewerber begann mit wohlgesetzten Worten, ruhig und sehr sachlich.

„Als Diplomingenieur verdiente ich gut, ich war verheiratet und wir lebten in einem schönen Einfamilienhaus.

Eines Tages erfuhr ich, dass meine Frau mit einem anderen Mann zusammen war und dass sie mich verlassen wollte. Ich drehte total durch, griff zur Flasche, ging nicht mehr zur Arbeit und flüchtete auf die Straße. Das alles geschah vor gut zwei Jahren.

Inzwischen bereue ich mein Handeln, doch gibt es für mich kein Zurück mehr. Ich bekomme keine Arbeit, weil ich keine Wohnung habe und ich bekomme keine Wohnung, weil ich keine Beschäftigung nachweisen kann. In diesem Teufelskreis bewege ich mich.

Bitte helfen Sie mir und geben Sie mir eine Chance. Sie werden den besten Verkäufer haben, der sich mit ganzer Kraft einsetzen wird. Geben Sie mir 1.500,– DM, damit ich mich pflegen lassen kann und mir neue Kleidung besorgen kann. Ich verspreche Ihnen, dass Sie diese Entscheidung nie bereuen werden."

Der Filialdirektor war hoch erfreut, denn die Geschichte war plausibel und dieser Mann hatte seine Chance verdient. Er gab ihm gegen Quittung die 1.500,– DM und der Bewerber tauchte nie mehr auf.

Peter Frankenfeld, ein Komiker der alten Schule, sagte einmal in einer seiner Fernsehsendungen: „Heiratsschwindler sind die besten Verkäufer, denn sie müssen immer wieder neue Geschichten erfinden, mit denen Sie Frauen begeistern und für sich einnehmen. Darüber hinaus müssen sie über einen unwiderstehlichen Charme verfügen!"

Auch Hochstapler beeinflussen durch Stories und Geschichten, die sie erfinden, um andere um den Finger zu wickeln. Diese kriminelle Energie in eine seriöse Tätigkeit eingebracht; wer weiß, vielleicht wäre der Erfolg der nächsten Geschichte nur ein schwaches Glimmen dagegen.

Meine Erkenntnisse

Autos per Telefon verkaufen

Es gab Zeiten, da machte Verkaufen noch so richtig Spaß, man durfte telefonieren und Mails versenden. Heute hindert das UWG Verkäufer daran das zu tun, was ihre eigentliche Aufgabe ist. Die folgende Geschichte ist nicht zum Nachmachen geeignet.

Bei einer großen Niederlassung von Audi/VW hielt ich einen Impulsvortrag vor 163 Mitarbeitern, der motivierte und großen Anklang fand. Der Geschäftsführer fragte mich, ob ich denn auch mal ein Training mit Live-Telefonaten durchführen könne, was ich bejahte und wir organisierten ein 2-Tages-Training. Im Seminarraum saßen 24 Verkäufer und ihre Körpersprache signalisierte mir deren Einstellung: Der soll uns das Verkaufen beibringen, das können wir schon längst!

Mein Eindruck täuschte nicht, denn gleich zu Beginn fragte mich ein Teilnehmer:

„Wie viele Autos haben Sie denn schon verkauft?"

Ich antwortete wahrheitsgemäß:

„Ich habe noch nie ein Auto verkauft, aber ich zeige Ihnen jetzt wie es geht!" Meine provokante Antwort reizte die Teilnehmer und sie forderten mich auf das zu zeigen. Ich bat einen Teilnehmer mir ein Telefonbuch zu besorgen. Ich bat ihn das Buch aufzuschlagen. Die Seite der Fernsprechteilnehmer mit dem Anfangsbuchstaben M lagen jetzt vor uns. Nun begann ich eine Nr. nach der anderen anzuwählen. Wenn ich jemanden erreichte, sagte ich immer das gleiche:

„Autohaus P., ich bin Hans D. Schittly, kennen Sie unseren neuen Pavillon in der Burgdorfer Str. 32? Wenn Sie davor stehen, sehen Sie links den Pavillon und rechts das Verwaltungsgebäude, in der ersten Etage drittes Fenster von links, da sitze ich gerade und spreche mit Ihnen."

(Kopfkino, der sieht den Film und folgt ihm)

„Wie Sie wissen verkaufen wir Audi und VW, welche Marke fahren Sie?" Antworten: VW, Ford, Opel, Mercedes, ich habe kein Auto … Jede Antwort ist für mich o. k.

„Wann planen Sie die Neuanschaffung eines Autos?“

Antworten: „Weiß ich nicht, nächstes Jahr, kaufe kein Auto mehr, noch in diesem Jahr …“ Auch in diesem Fall ist jede Antwort o. k.

„Worauf werden Sie bei einer Anschaffung besonders achten, welche Anforderungen stellen Sie an Ihr neues Auto?“

Antworten: „Wirtschaftlichkeit, umweltschonend, Platz für die Familie, Sicherheit …“

Auch hier sind alle Antworten für mich o. k.

„Es wartet eine Überraschung auf Sie, ich soll Sie einladen zu einer Vorführung in unserem Hause. Die neuesten Modelle, die auf der Messe in Frankfurt gezeigt wurden, sind eingetroffen und Sie dürfen diese zur Probe fahren. Gibt es in der kommenden Woche einen Tag an dem es bei Ihnen auf keinen Fall geht?“

Das Ergebnis: 7 Probefahrten. Das hat die Verkäufer motiviert, zukünftig häufiger zum Hörer zu greifen und Kunden und Interessenten anzurufen, statt im Pavillon zu sitzen und auf Kunden zu warten!

Natürlich ist das Beispiel nicht zum Nachmachen geeignet, aber vielleicht zum Nachahmen?

Meine Erkenntnisse

Kündigungsbearbeitung ist auch Verkaufen

In einem umkämpften Markt ist manchen Kollegen jedes Mittel recht, um neue Kunden, Umsätze und Provisionen zu ergattern.

Ein großes Vertriebsunternehmen bat mich die Angestellten darin zu trainieren, wie man Kündigungen bearbeitet. Die Ausgangslage war bedrückend. Eine Kündigung ist etwas Endgültiges, die Kunden werden davon nicht mehr abweichen, sagten viele. Mir war sofort klar, ich werde zunächst einmal selbst den Hörer in die Hand nehmen, zum einen um eigene Erfahrung zu sammeln und zum anderen sollten die Teilnehmer erleben, dass auch ich nur mit Wasser koche und nicht immer Erfolg haben kann.

Ich bat mir eine der letzten Kündigungen zu geben. Man brachte mir ein Schreiben, das vor zwei Tagen eingegangen war. Das Schreiben hatte folgenden Wortlaut.

Die Unterschrift war nicht unmittelbar unter ihrem Namen sondern quer über das Blatt an ganz anderer Stelle gesetzt. Offensichtlich hat hier ein Mitbewerber nachgeholfen und ließ die Kundin blanko unterschreiben. Zunächst musste ich abwägen ob ich überhaupt das Recht hatte zu telefonieren, denn es gibt gesetzliche Bestimmungen (UWG) die sehr eng ausgelegt werden können. Ich entschloss mich zum Hörer zu greifen:

„Guten Tag Frau H., wir haben dringenden Gesprächsbedarf.
Vor drei Jahren haben Sie Ihrem Sohn Michael eine Versorgungszusage erteilt. Nun liegt mir ein Schreiben vor, mit dem Sie Ihrem Sohn diese Versorgungszusage wieder wegnehmen. Das macht man nicht ohne wichtigen Grund, sagen Sie was ist passiert?"

Nach einer kurzen Pause sagte Frau H.:

„Da war einer von der XX-Versicherung hier.

Dann hat er Ihnen bestimmt gesagt, was Sie bzw. Ihren Sohn das kostet, welche Verluste sich ergeben, wenn Sie den Vertrag aufheben?" erwiderte ich daraufhin.

„Nein, das hat er nicht gesagt", ich vernahm etwas Unsicherheit in ihrer Stimme.

„Aber bestimmt hat er Ihnen gesagt, wie viel er verdienen wird, wenn Sie bei ihm einen neuen Vertrag abschließen?", fuhr ich in meiner Argumentation fort.

„Nein, das hat er auch nicht gesagt.", jetzt klang sie verärgert.

„Aber das wäre doch fair gewesen, meinen Sie nicht? Schließlich müssen Sie das alles bezahlen!"

„Aber was soll ich denn jetzt tun?"

„Mir liegt ihre Willenserklärung vor, die hat Rechtskraft, da ist zunächst nichts mehr zu machen. Es sei denn, Sie senden mir einen Zweizeiler zu, mit dem Sie bitten, dass der Vertrag in der bisherigen Form weitergeführt werden soll, dann kann ich mich für Sie verwenden …", ich beendete das Gespräch mit der zuversicht, eine Kundin zurückgewonnen zu haben.

Tags darauf ging das Schreiben mit genau diesem Inhalt bei dem Unternehmen ein.

Das Gesprächsziel bestand darin, der Kundin die Konsequenzen ihres Handelns vor Augen zu führen und daraufhin Ihre Entscheidung nochmals zu überdenken. Jede Aufforderung die Kündigung doch bitte zurückzunehmen, hätte genau das Gegenteil bewirkt! Kein Kunde benötigt einen Vormund; er will seine Entscheidung alleine treffen.

In der Folge haben wir jedes Gespräch nach diesem Modell aufgebaut, trainiert und dann live geführt.

Meine Erkenntnisse

IV

Was will und kann ich adaptieren?
Nutzen und Ideen

Das Verhalten der Kunden hat sich grundlegend verändert

Von Verrohung der Sitten ist immer wieder die Rede. Wenn Sie sich die Talkrunden, die Soaps, die Krimis usw. anschauen, dann ist man entsetzt wie Menschen miteinander umgehen. Das färbt vor allem auf die jüngere Generation ab, die kaum mehr Respekt zeigt vor Obrigkeiten, wie Polizei, Richtern usw. Nach dem Motto Frechheit siegt treten sie auf und verhalten sich in vielen Situationen skrupellos. So ist es heute schon fast zur Selbstverständlichkeit geworden, sich von Verkäufern beraten zu lassen, um den Einkauf dann im Internet zu tätigen.

Kulturen ändern sich nun mal. So ist die Einkaufskultur heutzutage eine völlig andere, als noch vor einigen Jahren. Demzufolge müssen sich auch Verkäufer total umstellen, wenn sie positiv wahrgenommen werden wollen.

Verkaufen geht anders

Das Ansehen der Versicherungsverkäufer ist in den letzten Jahren stetig gesunken. Das ist nicht zu verstehen, wo doch die gesamte Branche alles unternimmt, um die fachliche Qualifikation zu verbessern und sich sogar selbst Zulassungsbeschränkungen auferlegt hat.

In der digitalisierten Welt kann sich jeder die Informationen über Internet besorgen, die ihm wichtig sind. Die fachliche Qualifizierung hat das Ansehen nicht gefördert.

Was Kunden stört und wogegen sie sich auflehnen, ist die Art des Verkaufens an sich. Alle Argumente wirken auf den Kunden entweder bevormundend *(„Sie sollten die Entscheidung nicht auf die lange Bank schieben“)*, verletzend („das *werden Sie sich doch leisten können“)* oder drohend *(„auch Ihnen könnte mal was passieren“)*. Kunden wehren sich nicht gegen die Information oder gegen den Vorschlag sondern immer gegen die Machtmittel, die Verkäufer einsetzen, um an ihr Ziel zu gelangen. Das sind platte Verkaufstechniken, Suggestionen oder gar Manipulationen. Bei Kunden, die etwas unterschrieben haben, bleibt immer ein fader Beigeschmack zurück. Sie fühlen sich als Opfer. Und wenn es ein Opfer gibt, dann gibt es auch einen Täter. Als Opfer gönnt der Kunde dem Täter keine Provision, Courtage oder auch kein Honorar.

Vergessen Sie endgültig die Einwandbehandlung. Wer sich kundenorientiert verhält wird nicht mit Einwänden bombardiert.

Paradigmenwechsel

„Was wollen Sie von mir?"
mit diesen Worten begrüßte ein Kunde einen Verkäufer. Wie hätten Sie darauf reagiert?

„Sie meinen, was ich für Sie habe?"
entgegnete der Verkäufer und schon war der Bann gebrochen.

Die wichtigste Aufgabe eines Verkäufers ist es, Kunden in die **Haben-Wollen-Rolle** zu versetzen. Wenn jemand ein Produkt oder eine Versicherung unbedingt haben will, dann stemmt er sich nicht mit Einwänden und Ausflüchten dagegen es zu bekommen. Im Gegenteil, sogar der Preis tritt völlig in den Hintergrund; denken Sie an Champions-League-Karten, ein ausgefallenes Automodell, eine Immobilie in besonders attraktiver Lage usw.

1. Absichtslose Information

Gegen Ansichten, Ideen und Meinungen, die einem selbst in den Sinn gekommen sind, kann man sich nicht wehren.

Wenn ich die Ausführungen eines Wissenschaftlers lese, der nachgewiesen hat, dass der Verzehr von in Mikrowellen erhitzter Nahrung die Lebenserwartung erheblich verkürzen wird, dann werde ich aus eigener Überzeugung heraus auf solche Nahrung zukünftig verzichten. Hätte ich diese Information von einem Verkäufer erhalten, der mir eine Multifunktionsküchenmaschine verkaufen will, dann hätte ich zunächst skeptisch darauf reagiert. Die Absicht mir eine Maschine zu verkaufen war zu offensichtlich und gegen diese Absicht hätte ich mich gewehrt.

Mit absichtslosen Informationen regen wir zum Nachdenken an. Nehmen wir an, Sie lesen in einer seriösen Tageszeitung einen Artikel mit folgenden Aussagen anerkannter Sozialforscher und Demographie-Experten:

In den vergangenen einhundert Jahren gab es in Deutschland fünf verschiedene Währungen. Das bedeutet durchschnittlich alle 20 Jahre wurde unsere Währung ausgetauscht.

Als Bismarck das Sozialsystem reformierte und die Deutsche Rentenversicherung einführte (ca. 1890) wurde ein neugeborenes Kind durchschnittlich 42 Jahre alt. Heute wird jedes zweite Neugeborene 100 Jahre alt.

Jeder war schon einmal ein Pflegefall, als Baby. Zur Pflege sind Eltern verpflichtet und das ist sogar gesetzlich geregelt. Irgendwann dreht sich das Blatt. Auch hier gibt es gesetzliche Verpflichtungen, die Kinder haben für die Pflege ihrer Eltern aufzukommen. Das Sozialamt tritt lediglich in Vorleistung und holt sich das Geld später von den Kindern zurück.

Überlegen Sie:

Wohin gehen jetzt Ihre Gedanken? Fragen über Fragen kommen Ihnen in den Sinn!

Hier eine kleine Auswahl solcher **Zahlen, Daten, Fakten,** die verblüffen und nachdenklich stimmen:

- 1936 waren in Gesamtdeutschland noch 4 Personen 100 Jahre alt oder älter …Heute sind es mehr als 17000!
- In 10 Jahren werden mehr als 23 Millionen Bundesbürger einen Pflegefall in ihrer Familie haben.
- 1,9 Mrd. € haben die Bundesbürger an Fördermitteln nicht abgerufen.
- 1950 zahlten die Sozialversicherten mit 14 Jahren im Durchschnitt den ersten Beitrag in die GRV. Heute mit 22 Jahren!
- Die Rentenbezugsdauer betrug 1960 durchschnittlich 9,8 Jahre. Heute sind es 19,9 Jahre!
- 95 % der Bundesbürger sind entweder falsch versichert oder/und sie zahlen zu viel für ihre Versicherungen.
- Die gesetzlichen Krankenkassen haben die Leistungen für Zahnersatz erneut gekürzt …
- In den letzten Jahren wurde der Finanzmarkt immer wieder von Finanzkrisen mit unterschiedlichen Ursachen erschüttert … Viele haben einen Großteil ihrer Ersparnisse verloren …

Wenn diese Informationen absichtslos vorgetragen werden, möglichst noch mit einer Quellenangabe, die auch jederzeit überprüfbar sein muss, dann vermutet der Kunde dahinter keine Absicht, dass ihm etwas verkauft werden soll. Folgende Redewendungen bieten sich als Gesprächseinstiege an:

Heute Morgen habe ich in der Süddeutschen gelesen, dass in nur 10 Jahren 23 Millionen Bundesbürger einen Pflegefall in ihrer Familie haben werden. 10 Jahre, das ist ein sehr kurzer Zeitraum im Verhältnis zur Menschheitsgeschichte.

Kaum vorzustellen, was auf die Familien alles zukommen wird. *Von Oscar Wilde gibt es ein Zitat, das ich gestern Abend in einer Talkshow ge-*

hört habe: Früher als ich jung war, glaubte ich, Geld sei das Wichtigste im Leben. Jetzt wo ich alt bin, weiß ich, dass es das Wichtigste ist.

Hinter jeder Botschaft eines Verkäufers vermutet der Kunde zunächst eine Absicht: das sagt der nur, weil er mir etwas verkaufen will … Dieses Misstrauen verschwindet, wenn die Botschaften allgemeingültig als objektive, überprüfbare Nachrichten „verpackt“ werden.

2. Initiative auf Kunden übertragen

Nachdem diese allgemeingültige Information mit dem Kunden erörtert wurde, er auch seine Meinung dazu geäußert hat, ist es wichtig, diese allgemeingültigen Erkenntnisse auf seine eigene Situation zu übertragen. Dies erfolgt mit einer einfachen Fragestellung.

An diese Fragen stellen wir zwei ganz wesentliche Anforderungen:

- Es muss sich immer um eine w-Frage handeln, eine Frage also, die mit einem Fragewort beginnt. *Wer, wo, wann, wie, woher usw.*.
- Diese Frage muss immer eine positive Handlung unterstellen!

Die Psychologie spricht hier von der „So-Tun-Als-Ob-Methode“[.]

Wenn der Verkäufer so tut als ob der Kunde sein Problem schon gelöst hätte, dann wird er nie als Bittsteller wahrgenommen! Kunden reagieren mit ehrlichen Antworten. Nachdenklichkeit, Betroffenheit entsteht und vor allem Interesse an konkreten Lösungsvorschlägen.

Hier einige Beispiele für Fragen, die eine positive Handlung unterstellen:

Übrigens …

- Was haben Sie unternommen, damit Sie auch in Zukunft noch kraftvoll zubeißen können?
- Wie haben Sie bisher auf die ständigen Sozialreformen reagiert?
- Welchen Autopiloten haben Sie in Ihre Ruhestandsplanung eingebaut, damit sie resistent ist gegenüber Finanzkrisen?
- Wie haben Sie auf die demographischen Entwicklungen reagiert?
- Wer ist denn persönlich verantwortlich für Sie, damit alles, was Ihnen an Fördermitteln zusteht, auf Ihrem Konto eingeht?
- Wie haben Sie das in Ihrer Familie geregelt: wer kommt für eventuell anfallende Pflegekosten auf?

- Wann wurde die Risikoanalyse zuletzt für ihr Unternehmen erstellt?
- Wie haben Sie Ihren Einkommensschutzbrief gestaltet?
- Wie binden Sie qualifizierte Mitarbeiter und motivieren Sie gleichzeitig?

Innendienstmitarbeiter können solche Fragen völlig stressfrei am Telefon oder auch im persönlichen Gespräch einsetzen:

- *Was ich Sie noch fragen wollte …*
- *Bevor ich es vergesse …*
- *Ach übrigens … Was mir gerade einfällt …*

… wie viel holen Sie sich jährlich von der Ökosteuer zurück?

… wann haben wir das letzte Mal Ihren Versicherungs-Check (Finanzanalyse) durchgeführt?

Solche Fragen sind vergleichbar mit denen einer Sprechstundenhilfe:

- *Wann haben wir eigentlich die letzte Röntgenaufnahme durchgeführt?*
- *Wann wurde die professionelle Zahnreinigung bei Ihnen durchgeführt?*

Oder in der Kfz.-Werkstatt:

- *Wann wurde die letzte HU durchgeführt?*
- *Wie oft lassen Sie Ihr Auto polieren?*

Oder beim Friseur:

Was machen Sie gegen den Spliss in Ihren Haaren?

Solche Fragen führen meist zu den gewünschten Reaktionen der Kunden:

- *Was kann ich dagegen tun?*
- *Welche Möglichkeiten habe ich?*

Damit ist die Initiative auf den Kunden übergegangen, er will mehr wissen, ist neugierig geworden. Von nun an reagieren Verkäufer statt zu agieren.

Statt jetzt ein Angebot zu unterbreiten versetzt der Verkäufer seinen Gesprächspartner in die Situation, als hätte er schon gekauft.

Je mehr Probefahrten ein Autohaus organisiert, umso mehr Autos werden verkauft. Ein Verkäufer auf dem Wochenmarkt lässt die Kunden die Waren probieren und schon steigen die Umsätze. Im Bekleidungsgeschäft werden die Verkäufer bemüht sein, dass die Kunden die Kleidungsstücke anprobieren, denn damit steigt die Kaufbereitschaft um ein Vielfaches.

Nun kann man Versicherungen nicht „anprobieren", werden Sie sagen. Doch genau das ist es. Wie bei einer Probefahrt vermitteln wir den Eindruck, dass der Nutzen, die Leistung schon da ist und wir fragen nach dem Gefühl.

Jeder gute Verkäufer fragt seine Kunden nach den Gefühlen:

Na, wie fühlt sich das an …?
Wie fühlen Sie sich in diesem Kleid? Wie ist das Fahrgefühl?
Das vergeht auf der Zunge, spüren Sie es?

Kunden kaufen nie Produkte, sondern immer das gute Gefühl, wenn sie das Produkt benutzen!

Hier kommt unser Zauberwort zum Einsatz:

Mal angenommen …

wir versetzen Kunden in die Lage, sie besäßen das Produkt und lassen sie beschreiben wie sie sich z. B. nach einem Schaden fühlen …

3. Versetzen Sie den Kunden in eine Situation, in der er sich gut fühlt!

Kunden kaufen nie Produkte, sondern immer das gute Gefühl, das sie mit der

Nutzung des Produktes verbinden. Mal angenommen,

- Die Pflegekosten werden in voller Höhe übernommen, es steht ein professionelles Pflegemanagement zur Verfügung und Sie erhalten obendrein eine lebenslange Zweitrente, die vom FA und AG weitestgehend bezahlt wird …

- Beste zahnmedizinische Behandlung steht Ihnen immer zur Verfügung, so dass Sie klapperlos küssen können …

- Die Rente, die Sie nach heutiger Kaufkraft vereinbart haben, kommt garantiert in der erwarteten Höhe zur Auszahlung, unabhängig von der Entwicklung der Finanzmärkte …

- Sie dürfen in Würde alt werden und sind lebenslang finanziell unabhängig von Ihren Familienangehörigen …

- Aus Zulagen von Staat und Arbeitgeber erhalten Sie nach einigen Jahren ein Vermögen in beträchtlicher Höhe …

- Ihr Einkommen steht Ihnen auch dann zur Verfügung, wenn Sie aus gesundheitlichen Gründen kein Geld mehr verdienen können …

Jetzt richtig fragen, damit die Initiative endgültig auf den Kunden übergeht:

- Was halten Sie davon?
- Wie sollen wir jetzt weiter vorgehen?
- Was erwarten Sie als nächsten Schritt von mir?
- Wie fühlen Sie sich dann?

Erst wenn dieser Rollentausch perfekt erzielt wurde, werden Vorschläge erarbeitet, Angebote erstellt usw.

Diese drei Schritte sind der Schlüssel zu konfliktfreiem und stressfreiem Verkaufen.

Meine Erkenntnisse

....

....

....

....

....

....

....

....

....

....

Auf den Punkt gebracht

„Wer nicht mit der Zeit geht, der geht mit der Zeit!" Dieser Slogan ist mir vor einiger Zeit begegnet. Und in ihm steckt noch viel mehr Wahrheit angesichts der rasanten Veränderungen in der Verkaufswelt. Die Zeit überholen zu können wäre für jeden Wissenschaftler der Nobelpreis, fatal wäre der Moment aber, wenn die Zeit einen selbst überholt.

Die Bedürfnisse und das Verhalten der Kunden, ja die Menschen selbst ändern sich. In der Vergangenheit war nicht alles schlecht, davon zeugen die Verkaufserfolge. Doch Querdenker drängen in die Märkte! Sie spüren den Wünschen der Kunden nach freier Entscheidung nach und wissen, dass diese keine alles besser Wissende oder gar Manipulatoren wollen. Und schon gar nicht die, die mit und unter Druck nach Abschlüssen und Aufträgen gieren oder im schlimmsten Fall betteln. Der souveräne Berater ist gefragt!

1. Verkäufer mit Hemmungen, unsicherem oder ängstlichem Agieren

Viele kennen ihn. Sein Verhalten strotzt nur so vor Unsicherheit. Seine flehende Art erkennt fast jeder sofort an seinen Formulierungen. „Darf … Hätte … Könnte … Wäre vielleicht …" Der Konjunktiv zieht sich durch seine Gespräche und lässt eher ans Betteln denn ans Verkaufen denken: „Dürfte ich Sie mal fragen … Könnten Sie mir einen Moment Ihrer Zeit …"

Statt einer kundenorientierten Beratung oder verkaufsorientierten Angebotsunterbreitung verschlimmert seine Situation. Sein Auftreten spiegelt entweder Angst vor einer Niederlage oder Zurückweisung wider, dass er mit seinen Ausweichmanövern vermeiden will. Er denkt, eine Bitte kann niemand ausschlagen und solange der Kunde nichts unterschreiben muss, passiert ja nichts Dramatisches. Er versetzt seine Kunden in eine unsichere Haltung, da diese wissen oder erahnen, dass es möglicherweise einen Haken geben müsse. Er provoziert, meist unbewusst, Widerstände und Vorwände. Mit dieser unklaren Vorgehensweise verschwendet der Verkäufer seine und die Zeit seiner Kunden, da oft letztlich keine klare Entscheidung getroffen werden kann.

2. Der lehrerhafte und dominierende Verkäufer

In der Vergangenheit war dieser Verkäufer in Firmen beliebt. Er war das Musterbeispiel für Erfolg, frei nach der Devise: Mit dem NEIN fängt das Verkaufen erst an! Eine unerquickliche Eigenschaft ist seine Rechthaberei, sodass manches Gespräch in eine Diskussion statt einer Verständigung ausartet. Seine dominante Art schüchtert den Kunden ein und er ist sich seiner Machtmittel wie dem Einsatz von Techniken und Tricks bewusst. Er ist überzeugt, dass die in Seminaren und Schulungen vermittelten Ja-Straßen kombiniert mit dem nötigen Druck jeden Kunden zu einer Entscheidung drängen, jedoch nicht immer einer freien. Seine Trickkiste ist auch mit subjektiver Bewertung und Beschwichtigungstaktiken gefüllt, darüber hinaus versetzt er mit Schadensbeispielen gepaart mit Angst „Jedem zweiten passiert ein Unfall. Was soll ihre Familie denken, …“ seine Gegenüber in unangenehme Situationen.

3. Der Partner, souverän und kundenorientiert

Eine Verhandlung auf Augenhöhe bedarf zweier, gleichberechtigter Parteien. Es wird ein miteinander praktiziert, die Umgangsformen sind geprägt von freundlichem und höflichem sowie korrektem Auftreten. Er nutzt Fakten statt Vermutungen, Tatsachen statt Behauptungen und Bilder oder konkrete Praxisbeispiele statt fiktiver Konstruktionen, die seine Kunden zu eigenen Erkenntnissen führt. Seine Gesprächsführung manipuliert nicht, sie versetzt den Kunden in die Lage, eigene Einsichten und Überzeugungen zu finden. Durch seine offenen und mehrseitigen Betrachtungen vermag der Kunden das Für und Wider einer Kaufentscheidung abzuschätzen. Die Entscheidung liegt beim Kunden und der Verkäufer akzeptiert die Entscheidung, egal ob sie für oder gegen einen Abschluss ausfällt. Die partnerschaftliche Verhandlung beginnt schon mit der Vereinbarung von Zielen für das Gespräch und wie die Verhandlung laufen soll. Durch den Einsatz von vor allem offenen Fragen überlässt er die Initiative ganz bei seinem Kunden. Durch diesen Verhandlungsablauf haben Kunden nie das Gefühl, dass der Verkäufer nur in seinem eigenen Interesse handelt. Diese kundenorientierte Haltung führt zu einer souveränen Gesprächsführung, der Kunde gewinnt Sicherheit und ein positives Gefühl, dass eine Einkaufsentscheidung auf seinem Willen basiert.

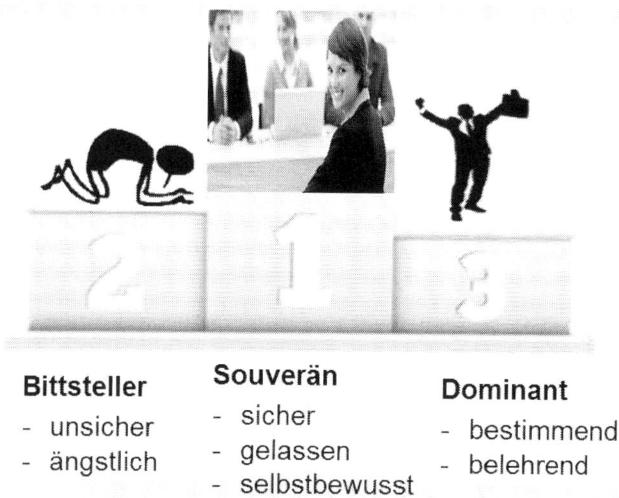

Meine Erkenntnisse

Glücklich

Eine Buddhistische Weisheit besagt: „Es gibt keinen Weg zum Glücklichsein, Glücklichsein ist der Weg". Viele glauben, wenn sie ein bestimmtes Ziel erreicht haben, dann sind sie glücklich:

- Sich einen langersehnten Wunsch zu erfüllen
- einen Abschluss zu erzielen
- in der Lotterie zu gewinnen usw.

Ist das Traumauto dann gekauft, keimt die Feststellung auf, dass es viele noch schönere Autos gibt, die vorher unbemerkt geblieben waren. Irgendwann reift die Erkenntnis heran, dass das Ergebnis nie glücklich macht; im Gegenteil: Man will immer noch mehr und die Unzufriedenheit steigt mit dem Besitz.

Unsere Programmierung läuft falsch ab: „ich muss in die Schule …, ich muss zur Arbeit …". Jeder hat die Freiheit, sich zu entscheiden: Mache ich das, was ich mache mit ganzem Herzen oder nur halbherzig. Viele Dinge, die uns täglich begegnen, können wir nicht ändern. Aber wir können unsere Einstellung dazu ändern. Ich kann entscheiden: „Ich freue mich auf den morgigen Schultag!" oder „Ich freue mich schon auf den morgigen Arbeitstag". Ein wahrscheinlich weiser Mensch sagte einmal zu mir: „Ich freue mich, dass es regnet. Wenn ich mich nicht freuen würde, dann würde es trotzdem regnen." Lebensqualität beginnt für viele erst nach Feierabend, da findet das Leben statt. Der Beruf dient dazu Geld zu verdienen, damit das Leben in der Freizeit attraktiv gestaltet werden kann. Beruf ist nichts als lästiges Beiwerk.

Erfolg hat viele Ursachen. Wer erfolgreicher handeln und verkaufen will muss bei sich selbst beginnen. Gleichgültig was ich tue, ich muss mich fragen, mit welcher Einstellung ich es tue.

Folgendes Beispiel soll dies verdeutlichen:

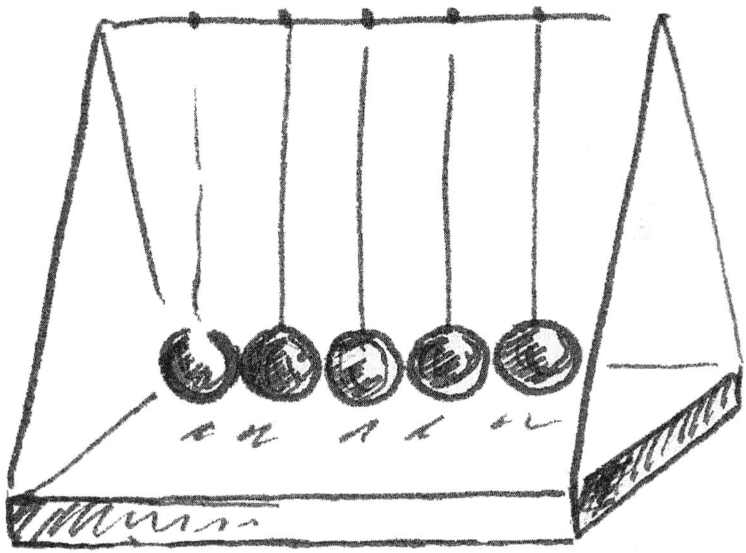

Für alles was wir tun, stehen uns 5 Kugeln zur Verfügung! Die Kugeln stehen für Lust, Motivation, Engagement, Begeisterung und Leidenschaft.

Der Ein-Kugel-Typ geht lustlos zu Arbeit. Eine resignative Arbeitszufriedenheit befällt ihn, er ist frustriert und hat die innere Kündigung schon ausgesprochen.

Für ihn ist Arbeit frustrierend, die nur mit Alkohol zu besiegen ist.

Er ist eigentlich zufrieden. Es könnte zwar besser sein, aber eben auch noch schlechter. Er ergibt sich in sein Schicksal „da kann man nichts machen“. Er hat mit seiner Einstellung keinerlei Veranlassung irgendetwas zu verändern. Er empfindet keine wirkliche Befriedigung in seiner Arbeit. Durchschnitt sein im Privatleben und im Beruf führt letztlich zu einer inneren Lebenskündigung!

Es ist eigentlich alles in Ordnung. Es gibt jedoch immer noch irgendeinen Haken: der Kunde, der stört.

Die Sucht nach Exzellenz in der Arbeit dominiert, Motivation, Freude und Engagement sind die Motoren. Die Bedingung für nachhaltigen Erfolg ist, alles mit Enthusiasmus, Begeisterung, Leidenschaft und ganzem Herzen zu tun. Der 5-Kugel-Typ hat es immer leichter! Wer gewinnen will muss Sieger sein. Nicht andere Leute oder Umstände sind verantwortlich für unseren persönlichen Erfolg, sondern immer nur wir selbst.

Das Leben besteht aus Resonanz: Nur das, was ich einbringe, erhalte ich auch zurück.

Das HABEN z. B. Geld, Haus, Auto, Güter usw. bringt kein wirkliches Glück. Sonst müssten ja alle Geldreiche auch Glückreiche sein!

Die sinngebende Kraft im Leben sind wir selbst, indem wir das was wir tun für sinnvoll erklären und mit ganzem Herzen tun!

Wer es versteht sich in diesen Zustand zu versetzen, wird auch in seinem Berufsleben erfolgreich sein.

Meine Erkenntnisse

Literatur-Tipps

Karsten Brocke: Wenn du siegen willst, lass' andere gewinnen

Karsten Brocke: Thermometer oder Thermostat

Vera F. Birkenbihl: Story Power

Jack Canfield und Mark Victor Hansen: Hühnersuppe für die Seele

Jack Canfield und Mark Victor Hansen: Noch mehr Hühnersuppe für die Seele

Marin Limbeck: Nicht gekauft hat er schon

Jörg Löhr: Lebe deine Stärken

Michael Gross: Siegen kann jeder

Hans D. Schittly: Faszination Verkaufen

Hans D. Schittly: PQ-Coaching / Leitfaden und Handbuch zu individuellen Coaching

Es gibt noch viele weitere gute Verkaufsbücher! Nur wer sich weiterbildet bleibt dran! Auf Erfolge zu warten hat noch nie funktioniert.

Nutzen Sie auch das TrainCoaching:
Sales Stories Interactive®: www.sales-stories-interactive.de

das virtuelle Online-TrainCoaching. Sie üben sich im Verkauf und erhalten sofort professionelles Feedback des virtuellen Coach!

Danksagung

Ein Buch zu schreiben ist für jemanden, der noch voll mit beruflichen Aufgaben betraut ist eine Herausforderung. Ohne tatkräftige Unterstützung von allen Seiten ist dies nicht möglich.

Deshalb bedanke ich mich bei all denen, die mich dabei mit Rat und Tat unterstützt haben:

Daniela Kopp, meine Assistentin, die mir alles vom Hals gehalten hat, was mich belastet und belästigt. Die mir überhaupt erst die Idee in den Kopf gesetzt hat, meine Erfahrungen, meine Stories und Geschichten mal zu Papier zu bringen. Immer wieder hörte sie von den Seminarteilnehmern, dass die Geschichten und Erlebnisse interessant sind und ob man die irgendwo nachlesen könne.

Diese Idee griff ich auf und machte mich daran.
Ohne diesen „Tritt in den Hintern" wäre es wohl nicht dazu gekommen, dass Sie jetzt das Büchlein in Händen halten und sich amüsieren, nachdenklich werden und Ihr eigenes Verhalten reflektieren.

BesondererDank gilt meinen Begleitern auf meinem Berufsweg: Entscheidungsträger bei Versicherungen, Banken, Industrie- und Dienstleistungsunternehmen, die mich immer wieder eingespannt haben, wenn es darum ging, ihre Vertriebspartner fit zu machen und zu motivieren.

Immerhin sind dies ca. 800 Unternehmen und mehr als 600.000 Teilnehmer in Vorträgen, Seminaren, Trainings und Coachings.

Was wären Verkaufstrainings und keiner geht hin?

Es gibt meinen Weg und es gibt deinen Weg; aber den Weg, den gibt es nicht.

Jeder kann besser werden, wenn er bereit ist, seine Komfortzone zu verlassen und Neuland zu betreten. Allen die mir vertraut haben und neue Wege gegangen sind, gelten mein Kompliment und meine Anerkennung. Für das entgegengebrachte Vertrauen bin ich unendlich dankbar.

Wenn man sich mehr als 45 Jahre unermüdlich für die Qualifizierung des Vertriebs, die Ethik und Kundenorientierung im Verkauf eingesetzt hat, dann sind es viele, viele Menschen, die mich dabei unterstützt haben. Ohne diese Unterstützung ist man sehr einsam. Allen hier namentlich nicht aufgeführten Personen danke ich für die Fairness, Offenheit und tatkräftige Unterstützung.

Als Trainer ist man Speaker, Redner und Coach. Schreiben ist eine ganz andere Herausforderung. Ein ganz großer Zufall – oder auch Glück – hat mich mit Herrn Frank Mißbach zusammengeführt. Er hat mein Skript redigiert und in eine Leseform gebracht, die es Ihnen ermöglicht die Stories leichter zu lesen und zu verstehen. Er hat mir oft die Augen geöffnet – dabei ist es nicht das erste Buch das ich geschrieben habe. Herzlichen Dank für Ihr Engagement und Ihre hochwertige Arbeit.

Ein heiteres und dennoch besinnliches Büchlein zu schreiben bedarf auch der Auflockerung. So überlegte ich, ob nicht Karikaturen dazu beitragen könnten. Schon wieder ein Zufall – oder Glück?

Ich fand Sie: Frau Marén Gröschel. Treffend hat sie meine Ideen sofort in Bilder umgewandelt und der Leichtigkeit der Stories angepasst. Noch nie wurden meine Ideen so rasch in perfekte Bilder umgesetzt. Herzlichen Dank.

Noch eine Bitte: Es ist nicht nur ein Lesebuch, das Sie in Ihren Händen halten. Überlegen Sie nach jeder Story, welche Erkenntnisse Sie daraus für sich selbst ziehen können und wie Sie sich neu programmieren können.

Viel Erfolg
Ihr

Hans D. Schittly

Was verbindet Sportler und Verkäufer?

Auch Verkäufer sind Leistungssportler – Verkaufen ist ihre Disziplin!

Erfolge und Leistungen sind vom jeweiligen Training abhängig!

Erfolgreiche Verkäufer trainieren hier:

Sales Stories Interactive® (SSI®)
Das ultimative TrainCoaching mit dem virtuellen Coach!

www.sales-stories-interactive.de